国家自然科学基金(61402540)
湖南省社会科学基金(17VBA242)
湖南省自然科学基金(2016JJ2070)
湖南省普通高校教学改革(湘教通〔2017〕452 号)
新零售虚拟现实技术湖南重点实验室出版基金
湖南商学院北津学院学术著作出版基金资助出版

网络安全监测数据可视化分析关键技术与应用

张 胜 赵 珏 著

电子工业出版社
Publishing House of Electronics Industry
北京·BEIJING

内 容 简 介

本书从信息科学的角度出发，系统地介绍了安全监控数据可视化分析系统的基本理念、各种处理技术和作者的最新研究成果。本书以人的认知模式为本源，以网络安全监测数据为研究对象，以可视化技术为研究手段，以快速发现网络安全事件并做出响应为目的，构建人、事、物三元世界高度融合的可视化人机分析系统，并针对网络安全中的异常检测、特征识别、关联分析和态势感知等需求，提出并设计新颖实用的可视化模型和算法。

本书可以为网络安全、计算机科学、信息科学及相关领域研究人员和专业技术人员提供参考，也可作为本科生或研究生的教学用书，还可供数据分析师、视觉设计师和对数据感兴趣的开发人员学习提高使用。

图书在版编目（CIP）数据

网络安全监测数据可视化分析关键技术与应用 / 张胜，赵珏著. — 北京：电子工业出版社，2018.5
ISBN 978-7-121-34087-1

I. ①网… II. ①张… ②赵… III. ①计算机网络—网络安全—数据处理 IV. ①TP393.08

中国版本图书馆 CIP 数据核字（2018）第 078911 号

策划编辑：张小乐
责任编辑：郝黎明　　　　特约编辑：王　炜
印　　刷：北京虎彩文化传播有限公司
装　　订：北京虎彩文化传播有限公司
出版发行：电子工业出版社
　　　　　北京市海淀区万寿路 173 信箱　　邮编：100036
开　　本：787×1092　1/16　　印张：7.25　字数：186 千字
版　　次：2018 年 5 月第 1 版
印　　次：2023 年 8 月第 7 次印刷
定　　价：48.00 元

前　　言

随着计算机网络通信技术的进步，飞速发展的网络应用对网络安全提出了很高要求。同时，现代网络安全威胁的范围和内容也不断扩大并演化，网络安全形势与挑战变得日益严峻和复杂。中国工程院沈昌祥院士认为，网络空间已经成为继陆海空天之后的第五大主权领域空间，应加快建设我国的网络安全保障体系，捍卫国家网络安全主权。

各种网络监控设备采集的大量日志数据是网络安全分析人员掌握网络状态和识别网络入侵的主要信息来源。网络安全可视化作为新兴的交叉研究领域，为传统的网络安全数据分析方法注入了新的活力，它通过提供交互式分析工具，建立人与数据之间的图像通信，借助人的视觉处理能力，进一步提高了分析人员的感知、分析和理解网络安全问题的能力。它能够将抽象的网络和安全监测数据转化为可视图呈现，帮助用户快速掌握网络状况，识别网络异常和入侵，全方位感知网络安全态势。

因此，向读者提供网络安全监测数据可视化分析领域相关算法、技术和问题解决过程中的实践经验，是本书的撰写宗旨。本书以人的认知模式为本源，以网络安全监测数据为研究对象，以可视化技术为研究手段，以快速发现网络安全事件并做出响应为目的，按照从简单到复杂、从单一到整体的思路，形成人、事、物三元世界高度融合的可视化人机分析系统。按照从单源到多源、从低层次视图到高层次视图的思路，针对网络安全中的异常检测、特征识别、关联分析和态势感知等需求，提出并设计新颖实用的可视化模型和算法。

本书系统地介绍了网络安全监测数据可视分析的概念、基本技术和应用，从主机状态、网络流量、入侵检测与防御数据、多源数据融合可视分析等方面阐述了各种处理技术和作者的最新研究成果。全书共分 7 章，内容包括网络安全监测数据分析概论，网络安全监测数据及图技术，主机健康状态变迁热图及异常检测分析技术研究，基于树图和信息熵时序的网络流时空特征分析算法研究，入侵检测与防御可视化中辐状图改进技术研究，多源异构网络安全监测数据可视化融合技术研究，网络安全监测数据可视分析关键技术总结与展望。

本书的撰写得到了国家自然科学基金(61402540)、湖南商学院北津学院学术著作出版基金、湖南省社会科学基金(17VBA242)、湖南省自然科学基金(2016JJ2070)、湖南省普通高校教学改革(湘教通〔2017〕452 号)、新零售虚拟现实技术湖南重点实验室的大力支持和出版基金资助，在此谨致以最诚挚的感谢。同时感谢中南大学施荣华教授、周芳芳教授、赵颖博士的指导和帮助；感谢赵珏等专家学者所付出的辛勤劳动；感谢作者家人的大力支持和理解。

由于网络安全监测数据可视化技术是一个新兴的交叉领域，很多理论方法和应用技术问题还有待进一步深入探索和发展，加上作者学识所限，因而书中一定存在不足之处，敬请专家和读者批评指正。

目　　录

第 1 章　网络安全监测数据分析概论 ·· 1

1.1　引言 ··· 1

1.2　网络安全监测数据分析技术概况 ·································· 3

1.2.1　传统的网络安全监测数据分析技术 ························ 3

1.2.2　数据可视化及分析技术 ································· 5

1.2.3　网络安全监测数据可视化分析技术 ······················ 5

1.3　小结 ··· 17

第 2 章　网络安全监测数据及图技术 ·· 18

2.1　网络安全监测数据 ··· 18

2.1.1　主机和应用状态日志 ································· 18

2.1.2　流量负载数据 ······································· 19

2.1.3　防火墙日志 ··· 20

2.1.4　入侵检测与防御日志 ································· 21

2.1.5　其他数据 ··· 21

2.1.6　安全监测数据比较 ··································· 22

2.2　测试数据集介绍 ··· 23

2.2.1　校园网 Snort 数据集 ································· 23

2.2.2　VAST Challenge 2013 数据集 ······················ 24

2.3　网络安全可视化图技术 ··· 27

2.3.1　基础图 ··· 27

2.3.2　常规图 ··· 29

2.3.3　新颖图 ··· 33

2.3.4　图技术的比较 ······································· 35

2.4　小结 ··· 36

第 3 章　主机健康状态变迁热图及异常检测分析技术研究 ············ 37

3.1　热图技术 ··· 37

3.2　主机热图设计与实现 ··· 39

3.2.1　颜色映射模式设计 ··································· 39

3.2.2　主机状态指标建模 ··································· 39

3.2.3　主机健康状态故事变迁热图技术实现 ··················· 42

3.3　实验数据分析与异常检测 ·· 42

3.4　结果分析与评估 ··· 45

3.5　小结 ·· 47

第 4 章　基于树图和信息熵时序的网络流时空特征分析算法研究 ············ 48

4.1　网络流可视化技术 ··· 48

4.2　网络流可视化分析算法 ··· 49

4.2.1　树图算法的选择 ·· 49

4.2.2　树图层次规划 ··· 50

4.2.3　树图空间特征的分析方法 ·· 52

4.2.4　信息熵算法 ··· 52

4.2.5　网络流时序算法 ·· 53

4.2.6　时序图时间特征分析方法 ·· 55

4.3　实验与数据分析 ··· 55

4.4　结果分析与评估 ··· 58

4.5　小结 ·· 59

第 5 章　入侵检测与防御可视化中辐状图改进技术研究 ····················· 60

5.1　辐状图技术 ··· 60

5.2　辐状汇聚图设计与实现 ··· 62

5.2.1　用户接口界面设计 ·· 62

5.2.2　色彩选择与混合算法 ·· 63

5.2.3　汇聚曲线算法 ··· 64

5.2.4　端口映射算法 ··· 65

5.2.5　入侵检测系统实验数据分析 ·· 66

5.3　辐状节点链接图设计与实现 ··· 68

5.3.1　节点链接图改进技术 ·· 68

5.3.2　基于节点链接图的辐射状表示方法 ···································· 69

5.3.3　可视化映射与筛选方法 ··· 70

5.3.4　入侵防御系统用例数据分析 ·· 71

5.4　结果分析与评估 ··· 75

5.5　小结 ·· 76

第 6 章　多源异构网络安全监测数据可视化融合技术研究 ··················· 77

6.1　数据融合技术现状 ··· 77

6.2　多源异构数据可视化融合设计与实现 ······································ 80

6.2.1　多源异构数据集的选择与预处理 ······································ 80

      6.2.2　数据融合分层框架 ……………………………………… 81

      6.2.3　标记树图数据级融合方法 ……………………………… 82

      6.2.4　时间序列图特征级的融合方法 ………………………… 85

      6.2.5　人机交互决策级的融合方法 …………………………… 87

  6.3　融合实验与数据分析 …………………………………………… 88

      6.3.1　正常状态分析 …………………………………………… 88

      6.3.2　异常状态分析 …………………………………………… 89

      6.3.3　特殊状态分析 …………………………………………… 92

  6.4　结果分析与评估 ………………………………………………… 93

  6.5　小结 ……………………………………………………………… 96

第 7 章　网络安全监测数据可视分析关键技术总结与展望 ……………… 97

参考文献 ………………………………………………………………… 101

第1章

网络安全监测数据分析概论

1.1 引言

近年来，随着计算机网络规模不断扩大、信息高速公路不断提速以及网络应用的不断增加，网络安全面临着越来越严峻的考验。特别是进入大数据时代以来，网络攻击呈现出大数据的"3 V"特征（Volume、Variety、Velocity），即攻击规模越来越大，如分布式拒绝服务攻击，往往可以控制成千上万台设备攻击主机；攻击类型越来越多，新的攻击模式和病毒木马的变种叫人防不胜防；攻击变化越来越快，如一次有预谋的网络攻击往往包含多个步骤和多种应变的方案。

纵观我国互联网络安全态势[1~5]，如图 1-1 所示，网络安全问题不断攀升，主要表现为：

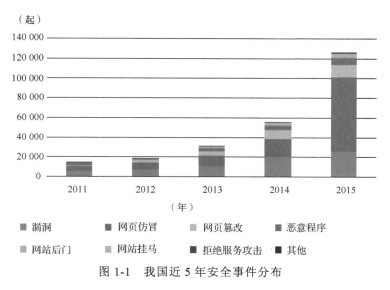

图 1-1　我国近 5 年安全事件分布

(1)网络基础设施面临严峻挑战。通用的硬件和软件漏洞较多、风险大，容易被探测、攻击和渗透，导致网络设施或主机被操控、用户信息泄密、恶意代码泛滥、攻击网络软/硬件资源、破坏网络稳定运行等安全事件。特别是随着网络技术的不断发展，处于新生和不断完善阶段的智能家电、智能穿戴、智能交通等设备，安全防护能力普遍较弱，存在安全隐患，如不及时更新和修复，易被大量使用，造成严重危害。同时，随着云计算、大数据等新技术应用与发展，部署到云平台上的政务系统和企业系统，由于涉及大量国计民生、企业运营和用户个人信息，将会更多地吸引有目的、有预谋的精准攻击。

(2)网站植入后门、钓鱼攻击和其他隐蔽事件呈不断上升趋势。网站用户信息已成为黑客攻击的重点，如用户信息、产品信息、消费者信息频繁泄露，网络钓鱼事件日渐猖狂，严重影响电子商务网站和金融业务的成长，危害公共服务平台的安全。

(3)拒绝服务攻击仍然是中国互联网安全最严重的威胁，其技术也变得越来越复杂。攻击形式从直接攻击变换为分布式反射攻击，攻击对象从网站本身转变为网站所使用的域名系统，严重威胁到我国互联网的整体运转安全。根据 2015 年 1~9 月统计，攻击流量超过 1000Mbit/s 的分布式拒绝服务攻击数量约 38 万次，平均每日攻击次数达到 1490 多次。

横观世界各国情况，以亚太地区为例，如图 1-2 所示，情况惊人的类似，网站被篡改、仿冒、病毒、木马攻击、网络入侵、攻击等成为主要问题[6]。事实证明：为最大限度地保护网络空间安全，必须优化和改进传统的安全防御方式，构建能应对复杂化和持久威胁的安全防护和响应体系[7、8]。

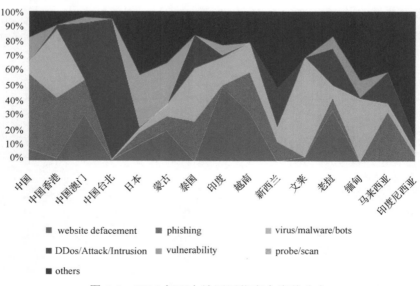

图 1-2　2015 年亚太地区网络安全事件分布

当前世界各国相继集中部署网络安全核心战略，如美国在 2012 年签署了"美国行动网络政策"，在 2013 年发布"加强关键基础设施网络安全"白皮书，"2014 年国防预算优先项和选择"拟重组 133 个网络防御单位计划；加拿大在 2014 年"全面数字化国家计划"中提出了加强网络空间安全防控能力等近 40 项新措施；日本在网络安全领域通过"网络安全基本法"，发挥政府和民间的互补优势来更好地应对网络攻击。我国在 2014 年成立了中央网络安全和信息化领导小组统筹各个领域的网络安全和信息安全问题。国务院重组了国家互联网信息办公室，负责全国网上信息的内容整理、监管、审核等工作。工业和信息化部信息中心发布了"关于加强电信和互联网行业网络安全工作的指导意见"，明示了八项重点工作，包括提升基础设施防护能力和提高数据保护措施等，着力构建网络安全空间的保障体系。

综上所述，网络空间安全问题已经引起了世界各国的高度重视，各种研究方法纷纷涌现。对可视化的研究分析技术不但使网络安全威胁看得见、摸得着，还能在人和技术中间架起一座良好的沟通桥梁，保护着日益重要的网络空间，更加重要的是图形图像比枯燥的数据更容易被人识别和认同，为决策者制定网络安全政策提供了可靠而形象的数据来源。网络安全数据可视化技术的研究改进不仅对我国国家安全、政府办公、企业经营和社会生活等具有广阔的应用前景，更对我国自主研发核心网络安全产品、构建网络安全防御体系具有深远的科学意义。

但是，目前这个新兴的研究领域还有很多关键技术问题急待解决。比如，如何快速提取网络资源状态特征，直观展示异常问题；如何解决网络负载数据量大、影响因素广、分析困难的问题，精确表达时空特征；如何直观发现入侵行为，满足视觉性和实用性需要；如何解决海量多维数据的信息融合，实现多源分析，感知网络安全态势等。

本书将从主机状态数据可视化、网络流量可视化、入侵检测防御数据可视化和多源数据融合分析可视化四个方面，深入进行网络安全监测数据可视化的分析设计研究，提出易用、实用、美观的技术解决方案，实现对网络安全威胁的风险评估和实时响应。

1.2　网络安全监测数据分析技术概况

1.2.1　传统的网络安全监测数据分析技术

针对安全威胁日益加剧的网络空间战争，业界开发出各种网络安全技术来监控、分析、掌控网络环境，其代表有：

(1)防火墙(Firewall)，主要目的是保护内部网络资源，防止用户未经授权访问。防火墙以网络安全访问策略或规则为依据，对进/出网络的数据包进行检测，符合访问策略的被允许通过，不符合的予以阻断，采用了在边界上控制流量的策略。作为一种网络隔离手段，防火墙对提高内网的安全发挥了重要的作用。

(2)入侵检测与防御技术(IDS/IPS)，主要目的是检测和识别网络中的恶意行为，发现潜在的对网络或主机的攻击行为，包括内部和外部的网络入侵或未经授权的行为。入侵系统作为一种主动安全防御系统，可以有效弥补静态防御技术中的一些问题，并已成功应用于网络安全管理中。

(3)网络负载检测(Network Traffic)，主要目的是检查、识别和分析网络流量是否异常，根据检测技术分为基于特征的检测和基于统计的检测。基于特征的检测是指通过匹配已知异常特征模式来检测，基于统计的检测是指通过学习历史流量得到正常的流量模型，通过正常模型来检测不符合此模型的流量。继防火墙、入侵检测与防御技术之后，流量检测成为网络安全技术研究的新热门。

(4)恶意代码检测(Malware)，主要目的是检测和消除系统中的恶意程序，保护主机和网络免受感染或减少对系统的破坏，是保护网络安全不可缺少的工具。

传统网络安全技术在实际运用中往往会产生海量的监测数据文件，网络的保护方式、攻防足迹、效果和不足等有效信息往往隐藏在这些数据中。网络安全监测数据分析技术就是利用监测数据找出有效信息，对其进行深度分析挖掘。

从目前的研究情况看，传统数据分析主要建立在机器的自动化分析上，往往采用简单的统计图形，或者晦涩难懂的专业报表，使分析的有效性难以保证。如防火墙受数据分析技术的制约，通常只是对日志数据简单地进行查询、汇总，导致有价值的信息不能进行深入挖掘和直观展示；入侵检测系统误报率很高，这些误报往往掩盖了攻击的真实目的；网络负载分析难以满足大规模网络实时处理的要求，给海量流量的实时处理和未知攻击的检测带来极大的挑战；恶意代码分析的本质是一种事后处理，分析技术在准确性和完备性上还不够，存在着假阴性和假阳性等问题。

随着当今社会网络威胁不断呈现出复杂化、隐蔽化、扩大化态势，传统数据分析技术无法完全满足"看得见，管得好，防得住，应得急"的网络安全目标。要想实现将网络安全从过去的严密防控转变为符合当代需求的实时分析加响应的需求，只依靠以上技术和方法还是存在不少缺陷的[9~11]。

(1)缺乏实时显示、分析和处理大规模网络数据有效管理的手段。诸多安全设备运行时会产生海量警告或日志数据，难以直接解读，需要耗费管理员大量人力、物力对其进行分析处理。这些日志数据看起来很丰富，但使用却很烦琐，如何使管理人员实时、准确、形象地把握全局和威胁态势是一个挑战。

(2)缺乏感知和应对实际威胁的能力。在警告和日志数据中充斥着大量误报、漏报、重复报，隐匿着真实威胁，传统的分析方法使得管理员无法及时辨识，甚至直接忽略了某些重要的报警，安全事件应急响应无从保证。

(3)缺乏安全监测数据之间的协同分析。不同功能安全设备以各自方式独立工作，产生的安全数据针对全局来说是片面和孤立的，而网络是一个整体，不能割裂地对待安全事件。如每一次入侵都会在防火墙系统、网络负载、主机日志上留下证据。如何解决大范围的复杂网络问题，让多个数据源、多种安全视图、多个管理员共同参与网络安全威胁分析是一个难题。

(4)网络安全设备的易用性和实用性低，日志数据难以解读。每种网络安全设备都需要经过一定的人员培训才能使用，而且大部分系统都需要专业知识作为支持，即使是有丰富经验的分析人员也很难驾轻就熟。然而，网络安全的受众应该更加广泛，起点应该更低，因此有必要加强对网络安全设备和技术的易用性研究。

1.2.2　数据可视化及分析技术

数据可视化的基本思路是将数据集中绘制成单个图元素，大量的数据集可以构建为复杂有序的图像，其中数据属性值以多维数据的形式表示，可以在图像上观察不同维度的数据，从而对数据进行更深入的观察和分析。

数据可视化起源于 20 世纪 50 年代的计算机图形学，经过科学可视化、信息可视化两个阶段，现在发展为数据可视化阶段。科学可视化是指科学计算组成部分的可视化，主要针对科学与工程实践中计算的建模和模拟运用。信息可视化旨在为各应用领域中抽象、异质的数据集提供分析支持工作，面向的是应用领域。数据可视化技术是对前两种技术的扩充和完善，指利用图形和图像处理、计算机视觉以及用户界面，通过表达、建模以及对立体、平面、动画的显示，对数据加以可视化解释。现在主要的研究领域包含文本数据可视化、网络(图)数据可视化、时空数据可视化、多维数据可视化[12]。

支持可视化分析的认知理论模型包括意义建构、人机交互分析、分布式认知三种模式。意义建构认为信息是在特定时空环境中认知主体主观建构的意义，构建过程是人的内部认知与外部环境交互行为共同作用的结果，如数据分析就是搜索和获取信息的行为。人机交互分析认为搜索信息是人主观发起的，新知识的构建可以通过显式交互操作建立，计算机将相关、有价值的信息显示出来，分析者对信息进行取舍。分布式认知是将认知的领域从个体延伸到与之相关的时空环境，数据可视化是将信息和知识进行外部化的一种手段，用户可以直接从符合用户心理映像的外部表征中提取信息和知识。不管是哪种模式，充分利用人的主观能动性来弥补自动化检测的不足，在人机之间建立良好的合作接口是最终目的。

随着社会信息化的高速增长，数据的可视化显示和分析需求也急剧扩大，特别是一些监控中心、指挥中心、调度中心等重要场所，大屏幕显示分析系统已经成为数据可视化不可或缺的核心基础系统。进入大数据时代以来，数据呈指数级增长，对大数据的可视化呈现与分析将进一步得到应用，特别是关乎国家安危的海陆空天以及网络安全领域，切实实现大数据价值，可以帮助各行业各领域管理决策者从政策制定、决策把握、业务管理、事前预警、事中指挥调度、事后分析研判等多个方面提升智能化决策能力。

1.2.3　网络安全监测数据可视化分析技术

网络安全问题首先是人本身的问题，不管是网络威胁的发起、检测还是制衡，人的知识和判断始终处于主导地位。经过多年的发展，将以人为本的可视化技术引入网络安全领域已经形成了新的研究方向，网络安全监测数据可视化就属于其中一个分支。它利用人类生理视觉对图像的获取能力强于文字、数字的特点，将抽象的网络和日志数据以图形/图像的方式展现出来，帮助业务人员分析监测网络状况，识别网络异常、入侵，预测网络安全事件发展趋势[13]。从 2004 年开始，学术界和工业界每年都要召开一次国际会议 Visualization for Cyber Security，这代表着业界已开始注重网络安全可视化的研究。网络安全监测数据可视化如式 1-1 所示：

$$网络安全监测数据可视化=人+事+物 \tag{1-1}$$

"人"包括决策层高度重视、管理层把控质量、执行层落实到位，其中安全团队(专家)实时有效的分析和快速响应是关键；"事"指网络安全事件，主要包括事前预防、事中接管，事后处理，其中如何快速地掌握事件真相并做出响应是关键；"物"包括防火墙、入侵检测与防御系统、病毒防护、交换设备、虚拟局域网、堡垒隔离设备等网络安全设备，其中合理的配置规则、调优、联动是关键。

从式(1-1)中可以看出，"人"是关键，"物"是基础，"事"是网络安全要查找和解决的对象。网络安全监测数据可视化研究首先要分析监测数据或日志(来自"物")结构，进行预处理，先选择基本的视觉模型，建立数据到可视化结构的映射，不断改善表示方法，使之更容易视觉化并绘制视图，再通过人机交互功能和"人"认知能力来观察和分析隐藏在数据中的有用信息(网络安全"事"件)，从而提高感知、分析、理解和掌控网络安全问题的能力，如图 1-3 所示。

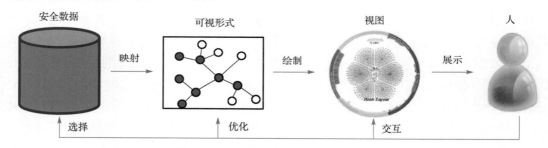

图 1-3　网络安全监测数据可视化流程

根据网络安全监测数据对象的不同，可视化系统主要分为以下 5 种：

1. 主机状态数据可视化

主机状态日志可视化主要致力于展示主机和服务器的状态，包括网络状态、用户数、系统负载、异常进程等，主要作用是检查恶意软件和保证主机服务能力。一般由日志接收代理、数据库、过滤分析中心等几部分构成，由于收集代理不同，导致收集内容有所偏重；同时，信息传输和分析使用的数据格式不同，阻碍数据在不同平台及系统间自由交换。主机状态日志可视化主要解决日志格式不统一带来的理解差异，从而提高管理效率和质量。

早期的工作有用 Erbacher 设计的可视系统，如图 1-4(a)所示，服务器排列在中间，主机以同心圆的方式环绕着服务器，同一子网的主机和服务器更靠近一些，系统用不同的符号标识来表示主机不同的属性，主机和服务器的连接类型用不同的连接线段来表示，该系统目的是发现不确定的数据连接[14]。

Tudumi 也是早期系统，不同于 Erbacher 的设计，Tudumi 采用 3D 技术，系统节点采用 3D 符号标志，主机之间的服务采用不同的线段，如粗线表示终端服务，细线表示文件传输等。该系统关注一个或少数几个主机和服务器的活动，用于监视和审计服务器上的用户行为[15]。

Mansmann 采用了节点链接图来展示主机行为，如图 1-4(b) 所示，各种网络服务被排列在力导向布局的视图上，被观察的节点通过虚拟弹簧来连接相关的服务，节点的大小根据传输数据量的对数指标计算。该系统能监视主机行为，主机状态非正常的变化被定义为可疑事件[16]。

之后，主机的可视化产品被不断开发出来，可用于商业。产品如 Mocha(摩卡)能实现不同主机和不同的操作系统关键资源的自动监测，Visualized Management 模块将主机实时运行的情况以及多个主机参数以符号、时序图等方式展现出来，包括各 CPU 的使用率、物理内存和虚拟内存利用率、进程操作、进程优先级、网络流速流量等，如图 1-4(c) 所示，可以帮助管理员找到主机异常和故障[17]。

CCGC 采用了仪表盘的可视化技术，如图 1-4(d) 所示，仪表盘上展示了现在和过去主机和网络状况因子，如网络因子、CPU 因子、内存因子、磁盘因子等，允许管理员审查网络状态和定位潜在的异常问题，通过下钻操作，还可以获取更多信息，便于故障分析和网络恢复[18]。

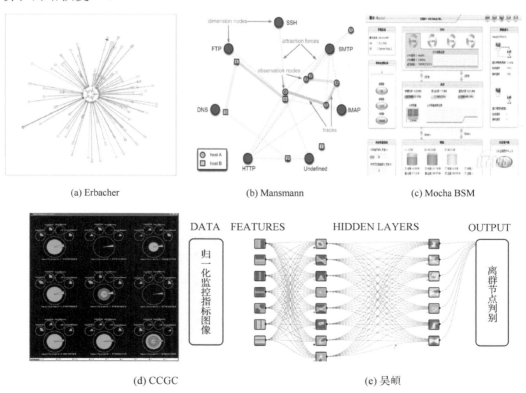

(a) Erbacher   (b) Mansmann   (c) Mocha BSM

(d) CCGC   (e) 吴頔

图 1-4　主机状态数据可视化

进入了云时代以后，我国阿里云、盛大云和腾讯云都推出了可视化云主机服务，采用企业级虚拟化技术和管理平台，给用户提供了高性能、高可用、高安全、高弹性的云服务[19~21]。同时，为了保证服务质量，系统还提供了可视化资源使用情况的监控平台，可以实时监测内存、处理器、存储、网络带宽的调整和变化，用户可随时掌握云主机的服务质量，为用户调整、优化云服务，按需使用、按需付费提供了依据。

吴颀从时间、节点号、性能指标类型三个维度出发[22]，如图1-4(e)所示，提出了基于维度压缩与维度切面的云主机性能数据集可视化方法，应用动态时间规划和卷积神经网络实现离群节点自识别。

2. 防火墙数据可视化

防火墙作为使用最为广泛的安全设备之一，对于阻断外部攻击作用明显。它面临的主要问题是：如何设置防火墙记录级别，既能保证记录的全面又可防止数据过于巨大；防火墙数据进/出方向包括内部与外部接口的进与出四个方向，如何防止重复记录；因防火墙规则配置困难，如何进行验证和审计规则的改变。防火墙可视化的主要作用是简化防火墙操作、合理调整防火墙策略、发现网络出口的可疑日志、监控上网行为等。

Girardin等采用散点图来显示防火墙事件，如图1-5(a)所示，用有色方块表示主机，方块的颜色表示不同的协议类型。数据点按时间顺序排列，类似事件会聚在一起。该系统能清楚地显示事件中的相似性和相关性，用户可直观地发现进程是否启动、被谁启动、请求是否可疑等[23]。

Chao等采用三层可视化结构来显示防火墙规则以及规则之间的联系，适合于大规模和多防火墙的超大网络，特别是在多防火墙系统中，防火墙规则的编辑、排序、发布都必须十分谨慎，否则会导致网络功能紊乱，该系统旨在帮助管理员事先发现并去除误配置[24]。

Mansmann等采用一种叫日照图技术来显示防火墙规则，如图1-5(b)所示，根节点在层次结构的中心，表示"对象组"，接下来的同心环依次排列防火墙动作(允许和拒绝)、协议(Tcp、Udp)、主机地址、端口，该系统的主要功能是帮助管理员理解复杂的防火墙规则配置[25]。

FPC的主视图采用3D技术检查防火墙策略，如图1-5(c)所示，用3D球体的颜色来表示异常类型，红色表示阴影异常，橙色表示冗余异常，暗黄色表示泛化异常，黄色表示关联异常。通过向下钻取球体，可以获取该异常的详细视图，该系统用于发现风险服务、非法服务和进行异常检查，具有快速处理大量规则的能力，降低使用者的技术门槛[26]。

VAFLE采用聚类热图来分析防火墙事件，热图矩阵可视采用时间×主机、时间×端口等组合用来发现活跃的服务器或主机等，如图1-5(d)所示，用深色的热点显示了两天中网络用量最高的主机，该系统通过增强互动的集群可视化热图来进行异常检测和网络态势分析[27]。

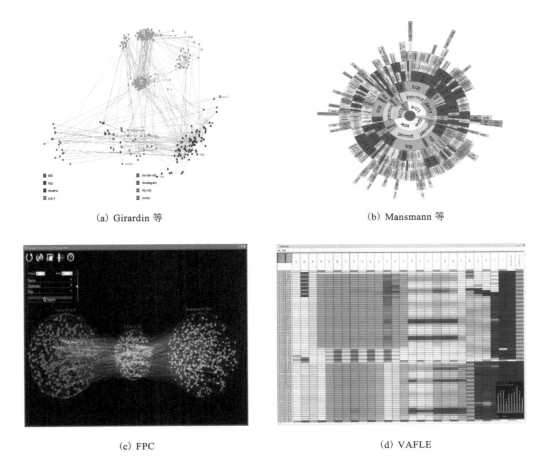

(a) Girardin 等　　　　　　　　　　　(b) Mansmann 等

(c) FPC　　　　　　　　　　　(d) VAFLE

图 1-5　防火墙数据可视化

3．网络入侵数据可视化

入侵检测与防御系统主要用于发现网络或系统中是否有违反安全策略的行为和被攻击的迹象，帮助管理人员快速识别和抵御分布式拒绝服务、网络蠕虫及木马等攻击行为。但是，入侵检测机制导致产生了大量的重报、误报，海量日志数据使得管理人员无从下手，甚至会忽略重要的警报，实时的安全响应无法保证。因此，网络入侵系统日志可视化主要功能是帮助分析人员降低认知负担，去除误报，提高检测攻击的能力。

Snort View 采用的可视化技术是散点图和符号标志，如图 1-6(a) 所示，系统由三个面板组成：源地址、警报和源/目标，警报用不同颜色的符号标记，颜色表示优先级，符号类型表示不同攻击的类型，适合于小型网络。该系统用于帮助管理员减少错误警报，检测隐藏攻击和攻击序列[28]。

IDS Rainstorm 采用的可视化技术是散点图，如图 1-6(b) 所示，系统由一个主视图(显示整个网络的表现)、一个缩放视图(显示用户选择的 IP 地址范围)组成。主视图由 8 列构成，每列可显示连续的 20 位 IP 地址，整个视图可显示 2.5 个 B 类地址 24 小时的监控数据，报警的等级采用颜色来表示。用户可以用主视图分析整个网络情况，发现可疑事件，用缩放视图获取详细攻击信息。该系统用于发现非正常的网络事件、僵尸网络的感染和蠕虫病毒的传播[29]。

Vizalert 系统采用的可视化技术是雷达图，如图 1-6(c)所示，系统关注警报时间、地点、事件三个方面的特征，主视图在中间显示网络的拓扑，而周围的圆环用于显示不同的警报，圆环的宽度表示时间，连线从圆环指向内部触发的主机。该系统可以提高网络攻击的检测、分析和处理速度，减少攻击的影响[30]。

Avisa 采用的可视化技术是辐状汇聚图，如图 1-6(d)所示，辐状图由外部环和内部弧构成，环分为两部分，较小的一边用于显示网络警报分类，较大的一边用于显示子网或自定义的分组。弧用于显示真正的报警，弧的一边指向报警类型，另一边指向有关联的主机。该系统采用启发式算法，用来洞悉攻击模式，促进潜在数据的理解[31]。

Zhang 等采用四种视图来展示入侵检测系统的日志，包括甘特图显示服务器连接的变化状态、树图显示指定时间窗口内服务器报警的数量、节点图表示事件间的关联、堆叠直方图统计服务器各指标参数。在大规模的网络中，通过多种可视化方法的互补，可以有效去除误报，同时，基于 Web 的开放平台能简化管理，提高研究人员协同分析的能力[32]。

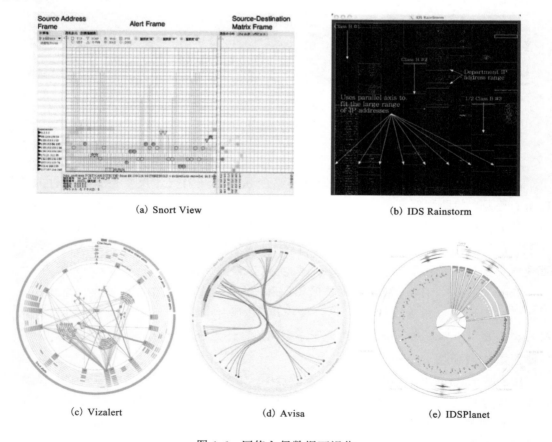

(a) Snort View

(b) IDS Rainstorm

(c) Vizalert

(d) Avisa

(e) IDSPlanet

图 1-6　网络入侵数据可视化

Alsaleh 等同样采用了多视图的方式，散点图基于日期、时间、攻击类型来展示，树节点图基于地理位置、子网和 IP 地址来展示；树图根据攻击类型来分布 IP 地址，指环图和平行坐标用来统计较长时间内攻击源、类型、影响和数量。该系统用于帮助管理人员分析入侵原因和辅助决策[33]。

IDSPlanet 仿照天体运行，设计了空间环图来响应警报的时间特性、受影响主机的行为模式、攻击目标的相关性等特征，如图 1-6(e)所示，由空间环、警报球以及交互核心三个部分组成，展示了 60 分钟内的警报细节。该系统帮助管理员识别误报，分析攻击模式，理解不断发展的网络环境[34]。

Song 等采用新颖的 3D 树图，运用机器学习方法从原始数据中抽取 7 个统计特征来鉴定不寻常的攻击，降低安全操作人员的工作强度[35]。

4．网络负载可视化技术

网络负载监控系统是对防火墙和入侵系统的一个重要补充，除了可用于监控网络流量负载变化趋势外，还有一个重要功能是特征分析。由于端口扫描、拒绝服务攻击和恶意代码扩散在流量方面体现出一对一、一对多等特征，造成流量异常，因此，流量监控可以帮助管理员快速准确地发现网络攻击。网络流可视化面临的主要问题是：网络负载记录为 OSI 模型下层信息，缺乏应用层面细节，很多用途仅靠猜测；负载数据量大，进行实时过滤和分析十分困难。

Portall 是早期可视化网络数据包(Packets)系统，如图 1-7(a)所示，采用节点链接图技术深入挖掘与 TCP 连接相关的主机进程，实现分布进程的点对点可视化，视图采用两条平行节点，左边是客户机，右边是服务器，连线表示 TCP 连接。该系统用于描述可视化网络流量与主机进程的关系，善于发现广告软件与间谍软件[36]。

Visual 是另一款较早的系统，可视化对象同样是网络数据包，如图 1-7(b)所示，采用了散点图技术，系统用于展示内部主机与外部源的通信模式，内部网络用网格表示，每个网格表示一台主机；外部源用外部的块表示，方块的大小表示活动能力。该系统能够同时显示上千台主机的相对位置和活动，揭示端口和协议的使用情况[37]。

PortVis 与以上系统不同，可视化的对象是比网络数据包聚合性更高的网络流(Netflow)，使用散点图将网络活动映射到网格中的单元，如图 1-7(c)所示，主视图用 256×56 的网格指代 65536 个网络端口号，X 轴表示端口号高位，Y 轴表示低位，节点的变化用颜色来表示，蓝色表示低水平变化，红色表示高水平变化，而白色表示最大变化。该图能够用夸张的手段展示特定主机端口变化的细节信息[38]。

PCAV 利用平行坐标显示网络流量，如图 1-7(d)所示，系统使用原 IP 地址、目标 IP 地址、目标端口、包平均长度等指标来绘制平行轴，流的每个特征量用直线连接，通过多边形的形状特征来分析特定的攻击模式。该系统能快速区分端口扫描、蠕虫感染、主机扫描、拒绝服务攻击等网络威胁[39]。

Flow-Inspector 采用了基于 Java 的 Web 应用显示网络流数据，用堆叠直方图进行数量统计、用力导向图显示连接模式、用边捆绑降低边交叉、用蜂巢图显示大规模的数据。
该系统善于使用新颖的可视化技术来展示网络流量，检测网络流的拓扑特征[40]。

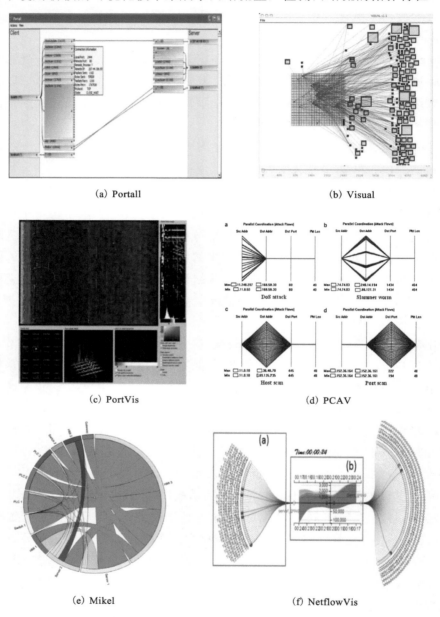

(a) Portall

(b) Visual

(c) PortVis

(d) PCAV

(e) Mikel

(f) NetflowVis

图 1-7　网络负载可视化

Mikel 采用环图显示工业网络的流负载，外圈用颜色分类设备(蓝色为可编程工业控制器、绿色为控制服务器、紫色为人机界面、橙色为网络设备)，内部弧用颜色深浅表示攻击强度，如图 1-7(e)展示正在遭受端口扫描的工业网络[41]。

NetflowVis 采用了新颖的辐射布局和主题流图，如图 1-7(f)所示，辐射布局图的两端表示服务器组和客户机组，中间的流图显示了上传和下载的网络流，颜色表示不同的协议，该系统可用来分析网络流模式和发现网络异常[42]。

5．多源大数据可视化技术

网络安全可视化系统经过近 20 年的发展，安全分析人员对该技术提出了更高远的要求：对宏观网络态势的掌握。早期的系统关注某一类日志或某一种技术，试图从不同的角度发现网络中可能存在的安全问题，但是缺乏全局统筹，只能从局部考察网络，在发现真实威胁方面不够理想和有效[43]。现代互联网的高复杂性带来了安全的高风险性，大数据网络呈现"3V"甚至"6V"特征，为了更全面地把握整个网络的运行状态和变化趋势，急需大数据的数据分析和决策支持的方法[44]。用可视化融合技术将海量日志数据在一张或几张高层次视图中显示出来，能在大数据时代有效管理和动态监控网络。从海量、异构、快速变化的网络安全日志中全面地发现问题、感知网络态势是当今网络安全的重要研究课题。

Elvis 可根据使用人员的需要导入多种安全监测数据，如 Apache Standard Logs、Syslog Files 等，采用直方图、环图、地图等来直观显示各种监测日志，如图 1-8(a)所示，分析人员可以方便地选择合适特征进行分析和发现事件之间的关联[45]。

NAVA 可导入多种安全监测数据，如 Netflow、Syslog、Firewall、IDS 等，采用节点链接图、平行坐标、树图和甘特图等直观显示各种日志，如图 1-8(b)所示，通过结合各种图形优势，为系统管理员和网络管理员提供时效性强的网络异常和成因分析工具[46]。

MVSec 对网络流、防火墙、主机状态日志进行分析，采用四种视图，如图 1-8(c)所示，热图显示网络拓扑和网络交通情况、雷达视图展示网络安全事件之间的关联、堆叠流视图调查多时间维度下的隐藏信息、矩阵图描绘端口活动特征。该系统主要用于监测整个网络，发现海量日志中隐藏的有价值信息，把握网络安全态势[47]。

在 VAST Challenge 2013 中，NOCturne、AnNetTe 和 SpringRain 融合了 Netflow、IPS 和 Big Brother 三种数据，采用了新颖的可视化技术展现网络安全态势，如图 1-8(d)～(f)所示，NOCturne 使用了时间线、热图矩阵和地图[48]；AnNetTe 采用了时间线、环图和平行坐标[49]；SpringRain 采用了模拟下雨场景的热图来显示网络安全元素[50]。这三个系统都能很好地将多种数据源融合到几张视图中，并提供了丰富的人机交互工具，让分析人员一目了然的发现问题和解决问题。

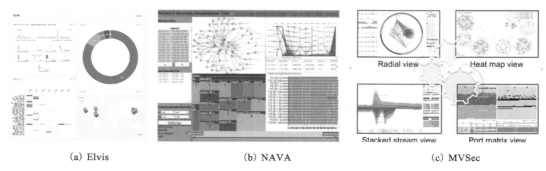

(a) Elvis　　　　　　　　　(b) NAVA　　　　　　　　　(c) MVSec

图 1-8　多源数据可视化

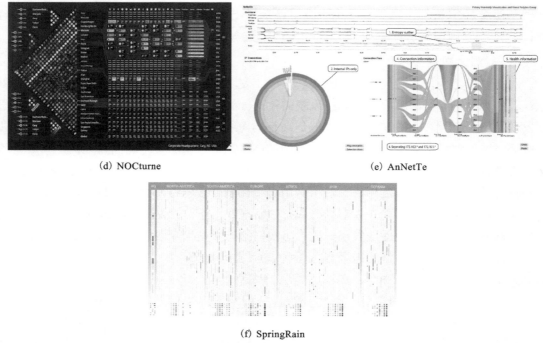

(d) NOCturne   (e) AnNetTe

(f) SpringRain

图 1-8　多源数据可视化(续)

　　Banksafe 同样使用多种数据源,以大数据分析为目的,使用树图来显示所有主机活动,使用时间线来挖掘入侵检测警报,主要用于发现网络运行趋势、可疑事件和攻击模式。该系统是大规模网络安全数据可视化分析的杰出代表[51]。

　　NSVAS 设计了大规模网络的协同可视化方案和 3D 可视化模型布局算法,对于大规模、长时间跨度的网络安全数据具有较强的分析能力,能够有效识别不同类型的入侵访问。该系统可以帮助用户快速发现异常行为和进行网络取证[52]。

　　VIGOR 设计了平行节点图,用以分析来自多个公司的安全大数据,训练和识别经常被忽略的重要(严重)安全事故。该系统可以帮助公司识别安全盲点,通过相互比较解决共性问题[53]。

　　遵循上述分析,网络安全监测数据可视化系统根据对象的不同,主要分为 5 类,如表 1-1 所示。前四类针对单一的数据源,最后一类将不同源的数据融合在一起进行显示和分析,这将是未来的趋势。

　　为了更好地分析数据,降低安全设备的使用难度,智慧地发现监测数据中的知识,可视化的进程道路任重路远。现有网络安全监测数据的可视化分析主要存在以下问题:

　　(1)异构数据集和海量日志带来的认知困难有待进一步解决。虽然可视化在一定程度上提高了对数据的认知能力,但依然难以避免大数据出现导致的图像拥挤和闭塞现象。数据的几何级增长远超过了显示和计算能力的增长,这就对数据的预加工、过滤、图转换等技术提出了更高的要求[54、55]。同时,多数据源和异构环境也使得数据集成和接口成为可视化分析的一大挑战[12]。

表 1-1　网络安全监测数据可视化技术分类表

主机状态数据可视化

可视化系统	可视化技术	数据源	主要功能
Erbacher 等	符号标记	服务器日志	展示主机和服务器的状态；检查恶意进程或软件；提升主机服务质量
Tudumi	3D 节点链接图	服务器日志	
Mansmann	节点链接图	主机日志	
Mocha BSM	时序图/符号标记	主机在线进程	
CCGC	仪表盘	服务器日志	
阿里云/盛大云/腾讯云	各种可视技术综合	虚拟服务器管理进程	
吴顿	平行坐标	云主机监控日志	

防火墙数据可视化

可视化系统	可视化技术	数据源	主要功能
Girardin 等	散点图	防火墙日志	降低防火墙使用技术；发现网络出口的可疑事件；合理调整防火墙策略
Chao 等	节点链接图	多防火墙日志	
Mansmann 等	日照图*	防火墙日志	
FPC	3D 符号标志/节点链接图	多防火墙日志	
VAFLE	热图	防火墙日志	

网络入侵数据可视化

可视化系统	可视化技术	数据源	主要功能
Snort View	散点图/符号标志	Snort 日志	降低管理员认知负担、去除误报、重复报；提高检测攻击能力
IDS Rainstorm	散点图	StealthWatch	
Vizalert	雷达图	IDS 日志	
Avisa	辐状汇聚图*	IDS 日志	
Zhang 等	甘特图/树图/节点链接图	IDS 日志	
Alsaleh 等	散点图/树节点图/树图/指环图/平行坐标	PHPIDS	
IDSPlanet	环图*	IDS 日志	
Song 等	3D 树图*	IDS 日志	

网络负载可视化

可视化系统	可视化技术	数据源	主要功能
Portall	节点链接图	Packets	监控网络流量负载变化；流量特征分析；发现端口扫描、拒绝服务攻击和恶意代码扩散等网络事件
Visual	散点图	Packets	
PortVis	散点图	Netflow	
PCAV	平行坐标	Netflow	
Flow-Inspector	堆叠直方图/力引导图*/蜂巢图*	Netflow	
Mikel 等	环图	Netflow	
NetflowVis	辐状布局/主题流图*	Netflow	

多源大数据可视化			
可视化系统	可视化技术	数据源	主要功能
Elvis	直方图/环图/地图	根据需要选择	合理选择互补的安全监测数据并融合到高层次视图；处理大规模数据；把握整个网络的运行状态和变化趋势；态势评估和辅助决策
NAVA	节点链接图/平行坐标/树图/甘特图	根据需要选择	
MVsec	雷达图/热图/堆叠流图*	Netflow/Firewall/Host status	
NOCturne	时间线/热图矩阵/地图	Netflow/IPS/Bigbrother	
AnNetTe	时间线/环图/平行坐标	Netflow/IPS/Bigbrother	
SpringRain	热图	Netflow/IPS/Bigbrother	
Banksafe	时间线/树图	IDS/Firewall	
NSVAS	3D 节点链接图/雷达图*	NetFlow/Firewall	
VIGOR	平行节点图	根据需要选择	

注：*表示新颖图。

(2)无法应对不断升级的新型攻击模式与手段，漏报、误报、重报频繁发生。如长期潜伏在系统中的高级持续性威胁(APT)，这类新型攻击手段就不易被识别分析。还有很多可视化技术沿用传统的分析手段，数据分析停留在离线层面，只能"看得见"，却很难"管得好，应得急"。可视化实时分析、精准分析是未来发展的关键。

(3)单一数据源分析不利于快速全面掌握宏观网络态势。在表 1-1 中大部分可视化技术关注某一种数据源，割裂地对待不同的安全数据，缺乏一个统一的平台实现对网络安全的多方面、多层次的关联，使得分析全面性、有效性大打折扣[56~60]。网络安全监测数据可视化需要以人类行为、设备监测、网络表征等现实形态为基础，及时掌握网络安全，全面监控网络的大规模运行。

(4)缺少人机交互协作的简单可视图技术，无法满足现代网络安全大数据显示分析的需要。从表 1-1 中可以看出，网络安全可视图技术正从 2D 朝着 3D 发展，从单源单图朝着单源多图发展，从多源多图朝着融合度更高的多源少图发展，图技术从经典的散点图、平行坐标、节点链接图等发展为新颖的、互动性更强的汇聚图、蜂巢图、流图等。可视分析技术一方面需要焦距用户经验元素，如熟悉、易学、响应快速、直观高效、界面友好[61~63]，另一方面需要创新图技术，推出新颖的可视图方法，更好地利用计算机的强大计算和存储能力以及人类的直觉判断和主动分析能力，合理地将分析任务分布在人、机两侧。

(5)可视化系统评估困难。虽然安全数据可视化研究由于网络威胁的日益增加而吸引了众多研究者的关注，但是将它应用于现实世界还需要经过实践考验。由于人机系统过于复杂，机器擅长自动化分析，而人类的主观直觉更具优势。在机器的定量分析基础上如何评价人类的定性分析，在部署之前还需要大量的测试、评价、调整，证明可视化系统能够替代传统产品，必须经过一个完善的评估过程[64,65]。

1.3　小结

网络安全监测数据可视化是数据可视化的一个新研究领域，它可以有效地解决认知负担重、缺乏全局意识、缺乏交互方式、缺乏预测和主动防御等一系列网络安全问题。但是，目前该新兴领域的研究才起步不久，许多关键性技术有待进一步发展，许多系统还有待通过实际应用的考验。本书在前人已有成果的基础上，按照从单源到多源、从单图到多图、从低层次视图到高层次视图的思路，重点开展网络安全可视化关键技术与方法的研究，如图 1-9 所示。

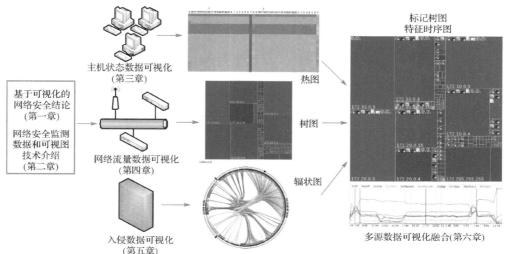

图 1-9　论文研究内容关系

（1）安全监测数据的预处理和特征提取

网络安全监测数据范围广、类型多，选择合理、互补、有代表性的数据进行研究，能起到事半功倍的效果。首先，本书从网络的资源子网、通信子网和网络出口三方面选取安全监测数据，针对它们存在的维度灾难、数据稀疏性和多尺度性等大数据特质，通过合理的预处理，有效地降低数据量，提取数据特征，挖掘未知、隐含、潜在、有价值的知识。

（2）设计新颖适用的可视化方法和视图

网络安全监测数据可视化的一个关键技术是挖掘新颖的可视化结构来表示枯燥的数据，建立数据到可视化结构的映射。在绝大多数情况下，信息思维空间并不能主动地映射到几何物理空间。因此，本书研究的关键问题是寻找一种新的视觉结构来表示信息，既能保持原始信息和数据，充分理解它所支持的任务，又能合理地使用人类视觉模型。

（3）可视化融合与网络态势感知

对多源网络安全监测数据进行可视化融合，设计出高层次视图，对海量数据进行显示和分析，通过用户交互技术进行钻取，选择感兴趣数据子集或改变观点，对大规模网络进行全面监控，把握整个网络运行状态和变化趋势，辅助管理人员决策。

第2章

网络安全监测数据及图技术

网络安全威胁可视化对象来源于不同领域的安全设备所产生的日志或数据，它们是监控网络安全的基础。对于网络安全监测数据可视化最大的挑战就是为既定的目标和数据源选择合适的图技术。本章对网络安全监测数据进行了分类剖析，并针对当前的网络安全可视化图技术进行了介绍对比，为第3～6章的可视技术研究打下理论基础。同时，还详细介绍了书中仿真实验所使用的数据来源，确保了实验的有效性和真实性。

2.1 网络安全监测数据

网络安全威胁可视化对象根据时间变化可分为两类：时态数据和静态数据。根据安全设备在目标网络的安装、部署位置及功能情况，可以将数据对象分为五种：主机和应用状态日志、流量负载数据、防火墙日志、入侵检测与防御日志、其他数据。由于网络系统庞大复杂，数据也呈现多源异构趋势，在进行可视化分析时，建议选择一些有代表性、包含信息丰富、具有高可靠性、实时性和低冗余的系统数据源。特别是在对多个数据源做分析时，要充分考虑数据源之间的互补性和交叉性，尽量扩大数据源的覆盖范围，避免低层次的重复。

定义 2-1 网络安全事件。一个事件是指某个特定的环境中一段时间内可观察到的形式或改变。也可以指某个系统的一个特定状态或状态的改变。

定义 2-2 日志数据。一条日志包括一个或多个事件的记录。有时候一条日志指一个事件记录、一个警报、一条信息、一条审计记录等。

2.1.1 主机和应用状态日志

主机和应用状态日志主要是用于监控各种软/硬件资源的运行状态。主要包括操作系统日志、应用程序日志、主机状态日志等。它们有着各自的作用和功能。操作系统日志主要记录：系统登录时间、文件审计(创建、修改、删除等)、系统的开关时间、资源错误、用户动作等，其格式如下。

- Timestamp：时间戳；
- Hostname：主机名；
- Processand process ID：处理用户及处理 ID。

操作系统类日志，如 Windows、Linux、UNIX 等，该日志缺乏上下文关联的库和配置，使人理解困难，同时也存在用户名相同等困扰。

应用程序日志更加五花八门，如果不能很好地理解并应用该程序，就无法分析该应用的日志。日志的格式不统一，没有标准和传输机制，不利于收集和管理。由于设计缺陷甚至有些日志缺失基础信息的记录，同时，隐私保护也是应用程序日志应该考虑的问题。其基本格式如下。

- User name：用户名；
- Status：应用程序状态；
- URL：网络应用请求的地址；
- Database query：查询命令。

主机状态日志相对来说比较简单，记录主机各组成部分的运行特征，如 CPU 利用率、内存使用率、网络吞吐率、磁盘空间利用率、网络访问服务是否正常等。管理人员可以使用 SNMP 协议进行收集，也可以通过安装一些特定的软件或硬件设备来采集。其基本格式如下。

- Timestamp：时间戳；
- Hostname：被监测主机的名称；
- Servicename：被监测主机的服务类型；
- Status：状态值。

2.1.2　流量负载数据

通信子网的作用是负责数据的传输，数据传输具体表现为网络流量负载，对流量的监控可直接反映整个网络变化状态。根据对网络流量聚合力度的大小，可将流量监控数据分为两种：数据包和网络流。

数据包位于网络协议栈的底层，它是网络物理接口接收到的数据，操作系统负责解码信息和抽取以太网报头，捕获工具为 Wireshark 或 Tcpdump。数据包的优势是可以获取完整数据，没有经过过滤或细节丢失，数据包里包括了整个负载。缺点是没有更高层次的策略，很难直接解析数据内容，同时，数据包量一般很大，通常包含以下字段。

- Timestamp：时间戳；
- IP addresses：产生数据的主机 IP 地址；
- Ports：服务所使用的端口；
- TCP flags：传输协议的状态标志，包括 ACK（响应）、SYN（开始连接）、RST（复位连接）、PSH（数据传输）、FIN（结束连接）等；
- Ethernet addresses：以太网地址；

- Packet size：传输包大小；
- Packet data：传输包内容，一般较大。

网络流位于数据包的上层，不同于 Tcpdump，它不提供网络负载的详细记载，仅记录事务级信息。汇聚起来的流信息比包信息更加易于管理和分析。网络流可以在路由器和交换设备上捕捉到，Cisco 叫作 Netflow，IETF 称为 IPFIX，其他的版本称为 sFlow 或 cFlow。对网络流量的干预可以帮助管理者有效地使用网络资源，配置网络带宽，发现网络中可能存在的恶意攻击行为。网络流主要参数如下。

- Timestamp：时间戳；
- IP addresses：产生数据的主机 IP 地址；
- Ports：服务所使用的端口；
- Layer 3 protocol：网络层协议，一般为 IP 协议；
- Class of service：数据流的优先级；
- Network interfaces：进入或离开网络接口；
- Autonomous systems（ASes）：自治系统，如 AS13；
- Next hop：网络层的下一跳；
- Number of bytes and packets：网络流的大小和包数；
- TCP flags：传输协议的状态标志。

2.1.3 防火墙日志

防火墙应用的范围非常广泛，作为网络安全屏障，能够按事先设定的规则允许或禁止网络数据通过，保护内部网络，阻止外来攻击。一般来说，传统的防火墙工作在网络协议的第二层——传输层，新一代防火墙工作在第七层——应用层，其功能会更加强大，如进行应用检查、深度内容检测或协议分析等。防火墙的主要作用是：加强网络安全策略；对网络内部的操作和来访进行审计；实现内网中的重点网段与其他网段的隔离等。传统的防火墙日志同流量负载数据非常相似，唯一不同的是数据包通过防火墙时是通过还是阻止。防火墙日志通常包括以下字段。

- Timestamp：时间戳；
- IP addresses：产生数据的主机 IP 地址；
- Ports：服务所使用的端口；
- Translated IP addresses and ports：地址映射和端口映射；
- Ethernet addresses：以太网地址；
- Network interface：网络接口（数据传输方向）；
- Packet size：数据包字节数（包容量）；
- Rule or ACL number：访问控制规则量；
- Action：动作，包括阻止和通过。

防火墙阻止或通过的数据量大，合理设计防火墙记录规则有利于减少记录条目数，降低分析难度。传统的防火墙没有记录更高层次的信息，缺少应用上下文，使得分析难度增加。更新和审计防火墙规则是一项艰难的任务，需要新的机制来解决这个问题。

2.1.4　入侵检测与防御日志

网络入侵系统通常与防火墙结合使用，形成基于网络出口的防护屏障，是一种互补、即时对网络传输进行监视的系统，发现可疑事件时发出警告或者采取主动隔离措施的网络安全设备。按照检测对象的不同可分为基于主机和基于网络的入侵系统；按照检测方法的不同分为规则检测和异常检测两种；根据是否有阻断机制分为入侵检测系统和入侵防御系统。Snort 是开源网络入侵检测系统中的佼佼者，ISS、启明星辰、思科、赛门铁克等公司也都推出了自己的商业产品。典型的入侵检测日志包含以下字段。

- Timestamp：时间戳；
- IP addresses：产生数据的主机 IP 地址；
- Ports：服务所使用的端口；
- Priority：警报优先级；
- Signature：匹配的规则（观测到的攻击/行为）；
- Protocol fields：TCP/IP 协议字段，帮助鉴定攻击特征；
- Vulnerability：脆弱行为（攻击类型）。

网络入侵系统的弱点主要表现在两个方面，一个方面是检测技术的不确定和不完善性导致管理员不能完全信任警报的质量，需要人工干预和判断，入侵系统的高误报率是它最大的问题；另一个方面是入侵系统对自身攻击的防护能力偏弱，虽然可以发现对其他设备的攻击，但自身抵御攻击的能力却不是很强。

2.1.5　其他数据

除了上述数据外，在日常工作中网络管理者还需要面对一些非监控的网络安全数据，包括邮件日志、数据库日志、配置数据等。如垃圾邮件、带病毒邮件、钓鱼邮件早已成为威胁网络安全的较普遍的问题，这使得进行邮件日志分析非常有必要。

邮件日志主要来自邮件传输代理（MTA）和邮件服务器（POP 或 IMAP），邮件日志可视化的作用是发现如信息泄露等安全问题，以及挖掘社交网络关系。典型的邮件日志包含以下字段。

- Timestamp：邮件发送时间戳；
- Senderand recipient：发送和接收的邮件地址；
- Subject：邮件标题；
- Relay：处理邮件的下一个服务器；
- Size：邮件大小；
- Number of recipients：收件人数量；

- Delay：邮件传递时间；
- Status：邮件状态，包括接收、延迟或拒收；
- Message ID：邮件编号。

数据库日志主要记录数据库开始服务、关闭服务、查询、错误等信息，大部分数据库支持审计，方便事后追溯查询用户、时间、状态等信息，保证数据安全性。数据库日志包含以下字段。

- Timestamp：邮件发送时间戳；
- Database command：数据库操作指令；
- Database user：数据库角色；
- Status：命令执行结果；
- Operating system user：连接数据库的操作系统用户；
- Source address：操作用户的 IP 地址。

最后一类数据源是配置文件。不同的系统配置文件差异很大，配置文件往往是静态的，而且不会经常变动，在一段时间内保持稳定。收集、保存和分析配置文件是个难题，虽然配置文件的量不会很大，但是，配置文件的优劣直接影响安全系统的性能和整个网络的稳定，也是网络安全中非常重要的一环。

2.1.6 安全监测数据比较

数据是可视化的基础，没有数据就没有可视化，理解各种网络数据的性质和特点，可以为后面的图设计打下坚实基础。表 2-1 对网络安全数据进行了归纳。

表 2-1　网络安全监测数据分类表

分　类	数据名称	网络层次	数　据　源	时序状态	主　要　问　题
主机和应用	操作系统日志	应用层	Windows/Linux/UNIX	动态	操作系统类型多，缺乏上下文关联的库和配置，数据理解困难
	应用程序日志	应用层	各种应用程序	动态	格式不统一，没有标准和传输机制，缺乏隐私保护
	主机状态日志	应用层	BigBorther/ VMware	动态	记录信息较为简单，难以进行成因分析
流量监控	数据包	接口层	Wireshark/Tcpdump	动态	信息量大，没有上层信息，难以解读
	网络流	传输层	路由器/交换机	动态	数据量大，采集给网络设备造成负担，没有上层信息
防火墙	防火墙	传输层	Cisco/天融信	动态	没有上层信息，规则复杂，难以理解和配置
	新一代防火墙	应用层	天融信/华为/华三	动态	标准不统一，发展方向和功能不确定性多
入侵系统	入侵防御系统	应用层	Snort/Cisco	动态	误报和漏报多，设备自身安全难以保证
	入侵检测系统	应用层	Symantec/深信服/启明星辰	动态	嵌入式工作模式，易造成单点故障和性能瓶颈，多误报和漏报
其他	邮件日志	应用层	Microsoft/Foxmail/Magic	动态	邮件重发、多收件人造成日志重复记录
	数据库日志	应用层	SQL/ORACLE/DB2	动态	审计日志量大，影响服务性能
	配置数据	N/A	各种安全设备	静态	收集、保存和分析配置文件困难

2.2　测试数据集介绍

2.2.1　校园网 Snort 数据集

　　××学院是一所全日制高等本科学校，现有教职员工 8000 余人。全院布置用户终端 5000 余台，网络及交换设备 300 余台，涵盖该学院教学楼、实验楼、办公楼、学生宿舍、食堂等区域。校园分为四个子网，包括一卡通子网、教学/办公子网、学生宿舍子网和服务器子网，地址分别为：172.25.0.0/16、172.26.0.0/16、172.27.0.0/16 和 172.30.0.0/16。网络拓扑结构如图 2-1 所示，网络中心在防火墙的后方安装有 Snort 入侵检测系统，该系统平均每天产生 300 000 多个报警。该学院网络运行较为稳定，网络被外界攻击现象不明显，校方网络管理部门希望了解网络运行情况，以及校内防护的重点和弱点。

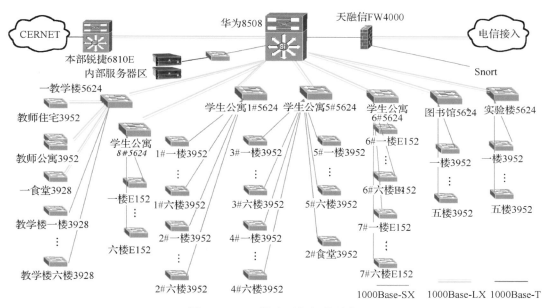

图 2-1　××学院网络拓扑结构

　　Snort 是 20 世纪 90 年代马丁·罗斯切开发的开源入侵检测系统。经过近 20 年的发展，Snort 已成为一个跨平台、实时性强和数据包记录全面的网络入侵检测系统。Snort 的工作模式包括嗅探器模式、记录模式和网络入侵检测模式。嗅探器模式分析网络数据包并反馈给用户；记录模式把数据包记录在相应的服务器上；网络入侵检测模式是核心的模式，通过对数据包进行分析，按规则进行检测，最终做出响应。Snort 部署非常灵活，可以运行在多种操作系统上，用户可以充分体会其安全性、稳定性和其他应用的协同性。Snort 日志的主要字段如表 2-2 所示。

表 2-2　Snort 主要字段说明

字 段 名 称	字 段 类 型	说　　明
sid	Int	传感器编号
cid	Int	事件编号
sig_id	Int	警告编号
sig_name	Varchar	警报名称
rule_id	Int	规则编号
rule descript	Varchar	规则描述
sig_priority	Int	警报优先级
timestamp	Datetime	记录精确时间
source IP	Varchar	源 IP 地址
destination IP	Varchar	目的 IP 地址
source port	Int	源端口号
destination port	Int	目标端口号
remaining lines	Text	其他信息

2.2.2　VAST Challenge 2013 数据集

VAST Challenge 是 IEEE Visualization Conference 举办的可视化分析挑战赛,每届赛事都会提供测试数据集。2013 届赛事提供了一个大型网络安全数据集合,详情如下。

Big Marketing 是一家以广告与公关为主营业务的公司,公司网络分为三个部分,每个部分有 400 名员工和相应业务的服务器,三个子网地址分别为 172.10/16、172.20/16 和 172.30/16,每个子网都有自己的域名服务器、邮件服务器和网站服务器,所有的用户都可有规律地访问这些服务器。服务器都安装在防火墙和入侵检测系统的后方,受到这些出口安全设备的保护,一直运行得比较平稳,如图 2-2 所示。但是,2013 年 4 月 1 日到 4 月 15 日的两个星期,公司网络遭受到外来组织的攻击。于是,Big Marketing 公司决定公布该网络的一些日志信息,希望能够通过第三方专家解析公司目前的网络安全状态,寻求一套可视化的网络安全态势感知方案。

Big Marketing 公司提供了三种数据:Netflow、Big Brother 和 IPS 日志,涉及内网主机和服务器 1900 余台。

Netflow 采集于交换设备,数据量约 7000 万行。该数据采用 Cisco 的技术,在 Cisco 设备中植入的一款功能软件将流量信息记载到高速存储中。这些数据流中包含来源和目的端到端的协议和端口。这些信息可以帮助 IT 人员监测和调整网络流量,以及对网络进行有效的带宽分配。表 2-3 列出了 Netflow 数据的主要字段和说明。

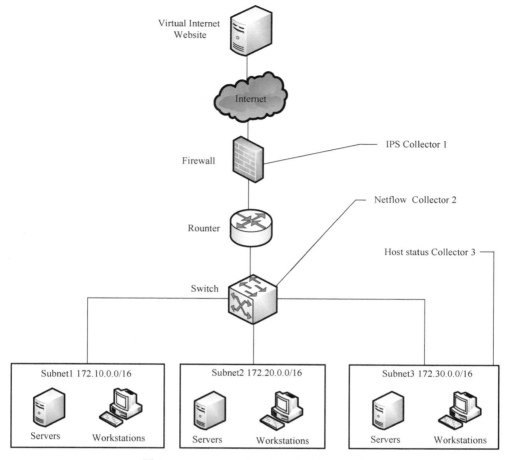

图 2-2　Big Marketing 公司网络拓扑结构

表 2-3　Netflow 主要字段说明

字 段 名 称	字 段 类 型	说　　　明
TimeSeconds	Real	标准的 UNIX 时间值，数据包入的时间
parsedDate	Datetime	解析后的时间，即 MM/DD/YYYY HH:MM:SS
ipLayerProtocol	Int	协议类型编号，如 TCP=6、UDP=17
ipLayerProtocolCode	Varchar	协议编号的字符串标示方法
firstSeenSrcIP	Varchar	数据流向的第一个源地址
firstSeenDestIP	Varchar	数据流向的第一个目标地址
firstSeenSrcPort	Int	数据流向的第一个源端口
firstSeenDestPort	Int	数据流向的第一个目标端口
moreFragments	Varchar	标记该数据流是否完成。该字段的值为 0 时表示完成，否则表示该记录存在后续记录
contFragments	Varchar	标记该数据流是否为后续记录。该字段的值为 0 表示这不是后续记录
durationSeconds	Int	数据流传输时间

续表

字 段 名 称	字 段 类 型	说　明
firstSeenSrcPayloadBytes	Int	源地址的 TCP 和 UDP 报头的有效载荷字节总数
firstSeenDestPayloadBytes	Int	目标地址的 TCP 和 UDP 报头的有效载荷字节总数
firstSeenSrcTotalBytes	Int	源地址传输的数据流字节总数
firstSeenDestTotalBytes	Int	目标地址传输的数据流字节总数
firstSeenSrcPacketCount	Int	数据流向的第一个源地址传输的数据包数
firstSeenDestPacketCount	Int	数据流向的第一个目标地址传输的数据包数
recordForceOut	Varchar	超时前被存入数据文件的记录，通常表示未被正确传输的数据

Big Brother 日志采集于终端主机，数据量约 550 万行。通过在服务器和客户机上安装状态收集代理程序，每隔 5 分钟代理程序就会向状态服务器发送一个信息，包括网络连接、CPU 使用率、内存占用率、磁盘使用率、页面文件使用率和邮件服务器发送状态。表 2-4 列出了 Big Brother 状态监控数据的主要字段与相关说明。

IPS 日志采集于核心出口设备，测试分两个阶段(4 月 1 日至 7 日，10 日至 15 日)，第 1 阶段没有安装 IPS 设备，IPS 设备在 8 日至 9 日安装并于第二阶段投入使用，数据量约 1600 万行。通过开启 Cisco ASA5510 威胁检测模块，阻止外部可疑活动，保护内部网络，ASA5510 开启了默认的检测规则和基于网站的保护规则。表 2-5 列出了 ASA5510 监控数据的主要字段与相关说明。

表 2-4　Big Brother 主要字段说明

字 段 名 称	字 段 类 型	说　明
Id	Int	日志编号
Hostname	Varchar	主机名称，可对应 IP 地址
Servicename	Varchar	被监测的服务类型，可为 conn/mem/pagefile/cpu/smtp/disk
Currenttime	Int	标准的 UNIX 时间值
parsedDate	Datetime	解析后的时间，即 MM/DD/YYYY HH:MM:SS
statusVal	Varchar	主机服务的状态值：1(好)、2(警报)、3(问题)、4(未获取状态值)
Bbcontent	Text	主机状态的详细信息，为一串长字符代码，需要解析
Receivedfrom	Varchar	主机的 IP 地址
diskUsagePercent	Int	磁盘的使用率(Servicename = disk)
pageFileUsagePercent	Int	页面文件的使用率(Servicename = pagefile)
numProcs	Int	CPU 处理的进程数(Servicename = cpu)
loadAveragePercent	Int	CPU 使用率(Servicename = cpu)
physicalMemoryUsagePercent	Int	物理内存的使用率(Servicename = mem)
connMade	Int	网络是否连接成功(Servicename = conn)，1(成功)、0(不成功)

表 2-5　ASA5510 主要字段说明

字 段 名 称	字 段 类 型	说　明
dateTime	varchar	标准的 UNIX 时间值

续表

字　段　名　称	字　段　类　型	说　　　明
priority	varchar	警报类型包括 Alert/Critical/Error/Warning/Notice- notification/Info-Informational/Debugging 等级别
operation	varchar	对数据包的操作动作，包括 Build（建立）/Teardown（拆除）/Deny（拒绝）
messageCode	varchar	警报信息代码，前三个字母为"ASA"，接着一个数字表示警报等级，最后的数字表警报编码
protocol	varchar	传输层协议
srcIp	varchar	主机源 IP 地址
destIp	varchar	主机目标 IP 地址
srcPort	varchar	源主机端口号
destPort	varchar	目标主机端口号
destService	varchar	主机提供的目标服务
direction	varchar	数据流方向，包括 Inbound（流入）/Outbound（流出）/empty（空）
flags	varchar	网络连接标志信息，包括 RST（重置）/PSH（数据传输）/SYN（请求建立）/ACK（确认）/FIN（结束）等

2.3　网络安全可视化图技术

由于人类的生存环境是三维空间，作为人类感知世界的视觉系统也就很难脱离三维空间，同时由于人类感知模式的限制很难理解超过三维的抽象物体，因此人们对网络安全数据通常选择的方法是降维处理，将多维映射到三维以下的可视空间来适应人类视觉的生理局限。这些都依赖于可视化方法的不断发展和改进。

对于网络安全监测数据可视化最大的挑战是为既定的目标和数据源选择合适的图技术。国内外学者提出了大量的多维可视化方法，根据这些技术的出现顺序和应用的广度和新颖性，可将网络安全可视图技术分为三类：基础图、常规图和新颖图。下面分别对这些图形的特点和应用场景进行介绍。

2.3.1　基础图

基础图包括饼图、直方图、线图以及 3D 的表示方法。这些图形可由一些办公软件生成，如 Excel。由于是使用简单的一维或二维数据，这些图形简单明了，容易理解，适合于表达网络安全数据的某些细节，经常作为常规图的补充说明。

（1）饼图

饼图（Pie Chart）是大家最熟悉的图形之一，在商业的销售、利润中会经常使用到饼图，饼图可显示一个数据系列（数据表的行或列）中各指标与指标总和的比例。饼图绘制有如下要求：

- 仅有一个要绘制的数据系列；
- 要绘制的数值没有负值；

- 要绘制的数值几乎没有零值；
- 类别数目无限制(建议小于 10)；
- 各类别分别代表整个饼图的一部分；
- 各个部分可根据需要标注百分比。

饼图不适合显示太多的数据量，因为太多的数据会使饼图变得无法辨认。如图 2-3(a)所示为 2015 年 5～10 月全球被僵尸木马(Dorkbot)感染国家的比例数，从图上可以清楚地发现感染最严重的国家是印度，高达 21%，其次是印度尼西亚(17%)和俄罗斯(16%)，中国的情况相对较好。

(2) 柱形图

柱形图(Bar Chart)是另一种常见的统计报表，它由一系列不同高度或长度的垂直或水平块表示，用来比较两个或多个数据在不同时间或不同条件下的规律。在柱形图中，通常水平轴方向表示类别，垂直轴方向表示数据值大小。柱形图绘制有如下要求：

- 仅有一个要绘制的数据系列；
- 要绘制的数值没有负值；
- 要绘制的数值从零开始；
- 类别数目无限制(建议小于 50)；
- 各类别分别代表柱形图要比较的一部分；
- 各个部分可根据需要标注数量值。

同饼图一样，柱形图也不适合显示一个数据序列中有太多值的情况，这会使得图形理解困难，如图 2-3(b)所示为 2015 年中国遭受 DDoS 攻击的月统计数量柱形图，从图上可以看出 2 月受到的攻击量最大，达到 63 450 起，1 月其次，也达到 53 547 起，由于从 8 月底开始重点整治，攻击数量直线下降，到 12 月只有 6031 起，可见治理效果显著。

(3) 折线图

折线图(Line Chart)可以表现在时间序列下的持续数据变化，适合显示约定时间间隔数据的动向。在折线图中，时间线沿水平方向均匀分布，数据值沿垂直方向均匀分布。折线图绘制有如下要求：

- 仅有一个要绘制的数据系列；
- 要绘制的值为数值型；
- 类别数目无限制(建议小于 50)；
- 各类别分别代表一个间隔，如时间间隔等；
- 各个部分可根据需要标注数量值。

折线图在显示趋势上非常有用，可以直观显示在时间线上的上升或下降趋势。如图 2-3(c)所示为 2015 年 5～10 月全球受 Dorkbot 感染的设备数量，图中除去中间小的波动，整体上被感染的设备呈上升趋势，在 10 月达到最高点为 120 500 台。

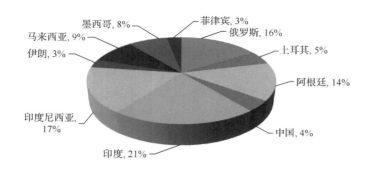

(a) 全球受Dorkbot感染国家的比率饼图

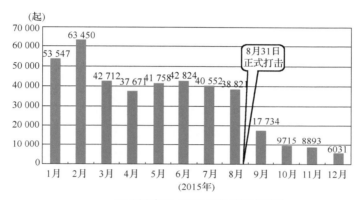

(b) 中国受DDoS攻击月统计数量柱形图

(c) 全球受Dorkbot感染的设备数量折线图

图 2-3　基础图

2.3.2　常规图

　　网络安全数据具有维度高、数据量大、快速变化的本质需求给图形技术提供了进化的动力。由于基础图表达数据维度的宽度和广度有限，网络安全可视化经过二十多年的发展，涌现出一批经典的常规可视图技术。这些技术源于基础图，但表现的灵活性、适应性、扩展性都要优于基础图。

常规图技术不是单一的图形映射，它需要尽量反映更多的维度及其各维度之间的联系，目的是将多维抽象信息在人脑中建模并转化为知识，用人眼能够识别和人脑能够理解的方式展现多维抽象信息的特征。通过低维可视空间（三维及以下）对高维不可视空间（三维以上）进行可视化展现，网络管理者可以准确快速地发现网络安全数据集中隐藏的特征信息、关联信息、模式信息、趋势信息及异常信息等，引导管理者做出新的预测和决策。

（1）堆叠图

堆叠图（Stacked Diagram）直接衍生于基础图，包括堆叠饼图、堆叠柱形图和堆叠折线图。堆叠的目的是为了引入一个额外的数据维度，这对于表达高维数据是有利的。但带来的问题是，强行纳入一个维度信息到基础图中展示，会导致图形难以解读。如图 2-4（a）所示为堆叠柱形图，显示了某时刻主机各资源状态维度的分布情况，显示的维度包括主机名属性和状态属性（CPU、内存、页面文件、网络连接和 SMTP 服务），从图中发现 mail01、mail02 和 mail03 都提示 SMTP 服务不正常。如图 2-4（b）所示为堆叠折线图，显示了移动平台 Android 恶意程序感染类型变化趋势，显示的维度包括季度类型属性和程序类型属性（恶意扣费、资源消耗、隐私窃取和流氓行为），从图上可以看出隐私窃取从第一季度到第四季度一直处于下降趋势，而恶意扣费和流氓行为从第一季度到第三季度一直处于上升趋势，到第四季度才有所下降。

（2）散点图

散点图（Scatter Plot）通过二维平面坐标系中的一系列点阵来展示变量之间的关联，两个维度分别看作 X 和 Y 轴，数据的 X 和 Y 值构成多个坐标。通过分析坐标点的分布，发现两个变量之间的相关性。散点图矩阵（Scatter Plot Matrix）将高维数据中的维度进行成双配对，绘制成按规律排列的散点图集合，每一面板中绘制一个二元组的散点图，从两两比较中得到隐含的信息。这种方法的优点是可以直观快速地解释任何两个维度之间的关系，并且不受数据集的大小和尺寸的影响。缺点是当散点图过多时，矩阵会受到显示屏大小的限制；而且它擅长发现两个维度之间的关系，却难以发现多个数据维之间的关系。如图 1-7（c）就使用了散点图，展示特定主机端口变化的细节信息，主视图用 256×256 的网格指代 65536 个网络端口号。

（3）平行坐标

平行坐标系（Parallel Coordinates）是经典的多维数据可视化技术之一。平行坐标系使用垂直平行轴来表示属性维度，每一个维度的数据都显示在轴上，并用线段连接，以显示所有轴上记录的坐标，是在二维空间内成功展示多维数据的代表[66]。因为平行坐标能够在二维空间中直观、简单地展示多维数据，分析人员将其应用于挖掘数据、优化系统、支持决策、联机分析等领域。当数据量变得很大时，密集的连线会使平行坐标变得难以解释。因此降低视觉混淆是平行坐标要面临的问题，解决的方法可以使用维度重排、人机交互、目标聚类、数据过滤等。如图 1-7（d）所示就使用了源 IP 地址、目标 IP 地址、目标端口、包平均长度等维度来绘制平行轴线，通过识别形状特征来揭示网络威胁本质。

（4）节点链接图

节点链接图（Node-link）是一种将层次结构的数据组织成树形或网状连接结构，节点之间的连接表示数据的走向和分布，节点通常是一些小点或是带有颜色的标记[67]。节点链接图能清晰、直观地展现层次数据内的关系，但是网状连接中间会有许多未使用的空白，当数据量不断增大时，点和线很快就会堆积在一起，造成视觉混淆，可以使用可视化筛选、下钻、交互、动画等手段来减低图像密度。如图 2-4(c) 所示是某公司的网络可视化结构图，节点上使用符号标记了安全冲突、攻击、防火墙和入侵检测系统的警告，该图能展示节点之间的联系，但数据的堆积使得图像难以理解，需要进行下一步的优化[68]。

（5）地图

地图（Map）可以用来检查空间数据分布。网络安全数据中的某些维度直接和地理位置相关，如 IP 地址，不同粒度的地图可以应用到国家、城市、建筑上，地理位置的视觉传达是一种有效的数据分析方式，它可以把事件的数量、类型、等级等映射到物理位置上，帮助分析人员快速进行地点定位。例如，2015 年 8～10 月受 Dorkbot 感染就可以在地图上清楚地发现这次僵尸网络影响全球面积较大，其中北美、欧洲、亚洲南部以及南美东部最为严重。

（6）树图

树图（Treemap）由 Johnson 等人在 1991 年提出，是层次数据可视化方法的代表之一[69]。通过块与体表示数据中的个体，利用块体之间的空间表示个体之间的关系，使用户能够快速了解整个数据的分布情况。为了适应更多的节点，设计人员年开发了一些基于"焦点+上/下文"技术的交互方法，如鱼眼技术、几何变形、语义放大、聚焦等。树图可以在有限的空间中显示大量的数据，并且不会重叠，但它也有自身的缺陷，如对数据个体间的路径、相邻关系不如链接类图形表达得清楚；无法过多地展示节点的细节内容；难以为初学者理解等。如图 2-4(d) 所示，利用树图来规划范围，按照洲、国、自制区、IP 前缀的顺序，展示了 9 天 Botnet 的快速发展历程[70]。

（7）标志符号

标志符号（Glyph）的基本思想是用象征性或标志性符号表达数据集的一个或多个维度信息。它们通常是几何对象，其可视化呈现可以通过改变符号的属性实现[71]。参数可以是连续或离散的映射，通过参数映射算法（PMF），变量可以用符号的不同属性表示，如形状、大小或颜色。符号适用于维数较少的数据集，但其中某些维数具有特殊意义，在二维平面上具有良好的传播特性，观察者可以根据符号形状更准确地了解这些维度的意义。标志符号的好处是大量数据维度可以被合并通过映射反映语义，同时，标志符号能够方便地与其他可视化技术结合使用。如图 1-6(a) 所示就采用了符号标记形状表示入侵检测系统警报类型，颜色表示严重程度，同时，与时间坐标的散点图结合表示网络问题的发展趋势。

（8）热图

对于信息可视化，最流行的图形莫过于热图（Heat Map），可应用于医疗、交通、社交网络等。热图通常与某些类型的计算值相关，使用数学公式计算数据特征，任何高于或低于某阈值的计算量被映射到一定的颜色。使用的主要颜色是红色、蓝色、绿色、橙色和黄色。大多数时候，红色表示攻击或入侵，蓝色和绿色表示正常的类型或连接，橙色和黄色经常被用来显示可疑的连接。它将压缩的大量信息转换到一个小的空间，采用颜色的变化、点的疏密及对象的比例揭示数据中的关联模式。热图的优势在于将大数据进行压缩显示，但是，用颜色代替文字在某些场景下有时会造成误解。如图 2-4（e）所示采用了红蓝双开热图显示了主机状态情况，颜色太红或太蓝均表示问题所在。

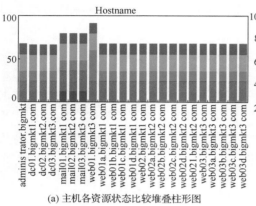

(a) 主机各资源状态比较堆叠柱形图

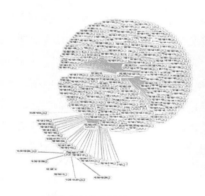

(b) 恶意程序感染变化趋势堆叠折线图

(c) 网络警报节点链接图

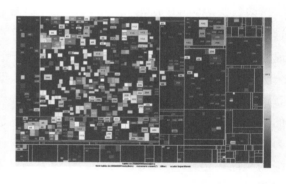

(d) Botnet的快速传播树图

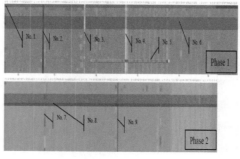

(e) 主机态势热图

图 2-4　常规图

2.3.3　新颖图

在过去的 15 年里，大量网络模型信息图不断推陈出新，其设计之精巧、表现力之丰富，令人叹为观止，图中包含的信息意味深远。研究人员不断改进技术，如图形布局模式的改进、多种图形依据优势相结合、创新构图方式等，特别是在图形审美和可用性相结合方面进行了深入的研究，众多视觉元素，如文字、色彩、大小、形状、对比度、透明度、位置、方向等自由排列组合[72]，交织组成动人的画卷，让人能够在有限的显示空间中获得更广的信息量、更直观的理解力、更优美的图形和更强的交互力。

（1）流图

流图（Flow Chart）中每一条流都代表了数据的某一个主题维度，并用河流作为一种直观的隐喻来反映不同特征随着时间的变化发展。流图的构图方式极富美感，如图 2-5(a)所示，用中心线为上/下叠加的形式，实现组内的流动特性和组间的时间特性比较和趋势分析[73]。

（2）弧线图

弧线图（ARC Diagram）使用一个一维的顶点布局，用圆弧来表示边。虽然弧线图在表达整体结构方面不及二维布局有效，但是它具有良好的节点顺序，使汇聚和联系很容易被识别。此外，通过缩进树，多维数据可以很容易地显示在节点的侧面，如图 2-5(b)所示[74]。

（3）辐状汇聚图

辐状汇聚图（Radial Convergence Diagram）的顶点围绕圆的径向排列，它们之间的边通常是由圆弧绘制。辐状汇聚图在探索实体组之间的关系时非常有用。为了减少图的可视复杂度，很多时候都对圆弧采用边捆绑技术，对汇入相同点或组的圆弧边进行捆绑，以达到提高图像优美度和可读性的效果。如图 2-5(c)所示，中间的圆弧连线在警报部分和主机部分分别进行了捆绑[75]。

（4）日照图

日照图（Sunburst Display）是一种空间填充可视化技术，使用同心圆径向布置显示节点之间的关系。此布局的中心表示层次结构的根节点，远离中心的径向上分布着从根到叶的节点。在布局中，同心环进一步分为段，以表示在一个特定层次节点的数量，段的颜色代表数据的某些属性，效果如图 1-5(b)所示。

（5）蜂巢图

蜂巢图（Hive Plot）的顶点被映射和定位在径向分布的线性轴上，这种映射基于网络结构属性，边被设计为曲线链接。蜂巢图的目的是建立一个大型网络的可视化基线，在可视化网络结构探索上是一个优美、协调、有效的尝试。图 2-5(d)展示了将客户、前端服务器和后端服务器映射到不同轴线上的网络流通信模式。

（6）力导向/引导图

力导向/引导图（Force Directed Graph）是以美观方式绘制图形的一类算法。它的目标是确定二维或三维空间中的节点位置，使所有的边具有差不多相等的长度，并且具有尽可能少的交叉边，根据它们的相对位置，合理分配力度，模拟边和节点的运动，尽量减少它们的能量波动。图 2-5（e），展示了维基百科上文章的语义分析结果，节点根据算法自动布局[76]。

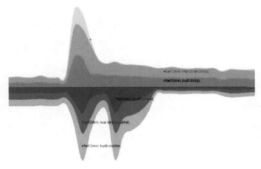

(a) 网络主题流图

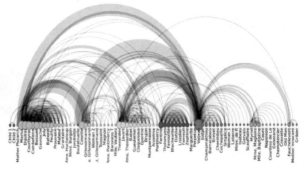

(b) 多组网络关系弧线图

(c) 网络攻击辐状汇聚图

(d) 网络流量蜂巢图

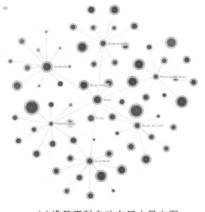

(e) 维基百科自动布局力导向图

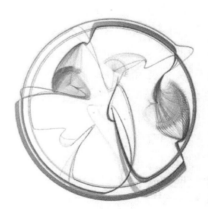

(f) 网站交通球形图

图 2-5 新颖图

（7）球形图

球形图（Sphere）采用了 3D 大型可交互、可视化图形工具，节点和连线分布在球面上或者球面外，通过使用共同焦点和上下文技术，用户选择一个节点，节点就会平滑地移动到视图中间并且展开放大，让用户看到更多的细节。如图 2-5（f）所示，用顺时针环形模式球形图导航了站点树的访问流量图[77]。

2.3.4　图技术的比较

当拿到一份数据，开始一段有趣的可视化化设计时，面临的最大挑战是如何为既定目标选择合适的图形，正确的选择不但在于所需可视化的数据类型，更在于要从数据中获得什么结果。下面从几个方面比较各种可视化方法的特点和优势，如表 2-6 所示。

● 需要可视化的数据维度；
● 可以合理地显示在图中数据的最大成员数；
● 最适合于该图形的数据类型；
● 大数据是否存在图像交叠问题；
● 图形基本用例场景及特点。

表 2-6　可视化图的类型及特点

类　型	可视化技术	数据维度	每维度节点数	数　据　类　型	图像交叠	用例和特点
基础图	饼图	1	10	类别型	无	比较一维数据中各成员所占百分比
	柱形图	1	50	类别型	无	显示一维数据中各成员频率分布或聚合函数输出，柱形的高度代表数值频率
	折线图	1	50	有序型、间隔型	无	显示一维数据中各成员的频率分布或聚合函数输出，数据点用线段连接表示模式或趋势
常规图	堆叠图	2	10～50	类别型、间隔型	可避免	显示二维数据中各成员的比率分布、频率分布或聚合函数输出
	散点图（矩阵）	2～n	1000	连续型	存在	检查二维或多维数据间的联系、聚类或趋势
	平行坐标	n	1000	任意	存在	在一张图中可视化多维数据
	节点链接图	2～3	1000	任意	存在	用于可视化一维和多维值之间的内在关系或路径分析
	地图	1	100	坐标型、任意	可避免	用于显示数据和物理位置之间的联系
	树图	n	10 000	类别型、任意	无	用于可视化层次数据，一次性比较多维数据
	标志符号	n	50	类别型	可避免	用象征性或标志性的符号表达数据集的一个或多个维度信息
	热图	2～3	10 000+	任意	无	公式计算数据特征，并根据阈值映射到一定的颜色空间
新颖图	流图	n	1000	任意	可避免	利用河流这一隐喻直观地展示不同主题随时间发展的过程
	辐状汇聚图	2	100	类别型、任意	存在	探索实体组之间的关系
	日照图	n	1～100	类别型、任意	可避免	用空间填充技术展示层次结构关系

续表

类　型	可视化技术	数据维度	每维度节点数	数　据　类　型	图像交叠	用例和特点
新颖图	弧线图	1	1000	类别型	存在	设计良好的节点顺序使汇聚和联系很容易被识别
	蜂巢图	3	10 000+	任意	存在	建立一个大型网络的可视化基线
	力导向/引导图	2～3	1000+	任意	可避免	通过美化布局模式来展示一维和多维的值之间的内在联系，进行路径分析
	球形图	2～3	1000	任意	存在	利用 3D 技术加强可视化交互，用于对大型数据进行滚动和钻取

注：类别型，无内在顺序，如 TCP 标志（ACK/RST/FIN/SYN/PSH/URG 等）；有序型，有内在顺序；间隔型，按照某个规律跳增或跳减；连续型，连续变化量。

2.4　小结

　　本章首先对网络安全数据进行了分类，并对各种数据特点和可视化注意事项进行了介绍；然后，详细介绍了实际应用数据及其格式，为后续工作奠定了基础；最后，对可视化图技术进行了分类和介绍，目的是根据不同的数据源特点和所需要达成的目的，合理地选择正确的图技术来完成可视化分析。

第 3 章

主机健康状态变迁热图及异常检测分析技术研究

主机的健康状态由不同指标构成，如网络连接状态、CPU 负载情况、磁盘使用率、内存占用率、页面文件使用率等。因此，既要对这些指标进行逐个分析，提取指标特征，又需要将这些指标综合考虑，最终合成整机的健康状态。本章通过分析热图技术应用特点，将热图应用于主机状态数据的可视化分析中。设计一些目标函数，用以计算健康指标特征及合成整机健康状态，并通过颜色的定性和定量映射方法，合理地排列主机状态行和列的分布，最终用醒目的色彩变化展示主机健康状态的变迁。

3.1 热图技术

经典热图是由颜色方块或点形成的数据矩阵，它将压缩的大量信息转换到一个小的空间，采用颜色的深浅、点的疏密以及呈现比重的形式来揭示数据中的关联模式。在一个相对紧凑的显示区域内，可对行、列和联合集群结构进行检查。中等大小的数据矩阵（几千行/列）可以有效地显示在高分辨率彩色显示器上，更大的像素矩阵处理也可以打印或显示在大型显示系统上[78]。

热图可应用于医疗、交通、社交网络等信息可视化场景，是目前最流行的可视化图形[79~82]。

生物热图是较早应用的热图，通常用于表达多个可比样品中基因的表达水平，经常是 DNA 微阵列。如图 3-1（a）所示，使用红蓝渐变展示了各种条件下的基因表达数据。

热图也经常和地图结合使用，把地理对象位置映射为热图中点的位置，用点的浓度表示位置对象的要素、特征、属性，如人群密度、气候条件、空气质量等。

随着热图的发展,热图的表现形式也发生了变化,不再局限于颜色点或块,而是加入了新的元素。Web 热图用于显示最经常访问同一网页的访客区域,往往与其他形式的网络分析和会话重放工具一起使用。如图 3-1(b)所示,颜色矩形表示待评估网页对象,箭头和矩形的厚度和广度象征访问者的数量。

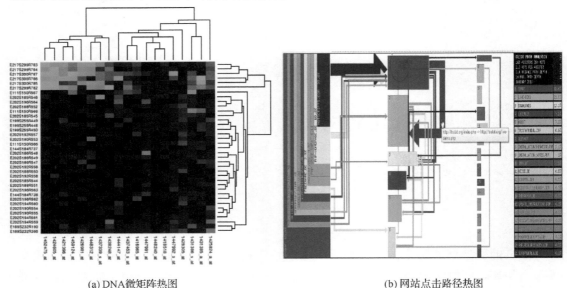

(a) DNA微矩阵热图   (b) 网站点击路径热图

图 3-1   各种类型的热图

进入了大数据时代后,数据空前膨胀,热图可视技术需要适应越来越大规模的数据集,新的点聚集算法呼之欲出。密度函数热图就是其中的代表,它用于显示地图上点的密度,可以独立感知缩放因子。Perrot 等提出用这种密度函数方法可以在大数据框架下显示超过二十亿的点阵[83]。颜色由蓝变红显示了 GPS 设备由疏到密的变化。

现代统计软件一般将热图作为聚类软件包的一部分,通过使用排序算法使得热图更容易进行聚类分析。这种灵活的架构强调了一个事实,即热图是一种可视化统计模型,而不是一个任意排序的行和列的矩阵。热图矩阵可以通过某些目标算法置换和显示行和列。如 Wilkinson 生成的热图矩形行和列协方差矩阵采用了五种不同的结构:包括 Toeplitz、Band、Circular、Equicovariance 和 Block Diagonal,然后采用不同的算法排列随机的行和列,包括 Clustering、MDS 和 SVD,最终发现 SVD 排列算法在五种图中为最优[84]。

同时,热图的颜色映射与需要展示数据的计算值相关,使用数学公式计算数据特征,并将这些特征根据阈值映射到图中一定的颜色序列。好的映射方法能通过颜色的变化突出数据的变化与差异,如 Richard Atterer 通过阅读停留时长动态计算长网页某部分的阅读精度,停留时间越长,该处颜色越亮,用来帮助分析人员掌握长网页阅读时各部分人群的关注情况[85]。

3.2　主机热图设计与实现

3.2.1　颜色映射模式设计

人类感知系统在获取自然界信息时，存在两种最基本的模式：定性和定量[86]。定性模式得到的信息是关于对象本身的特征和位置等，用来描述对象是什么或者在哪里，如形状就是一种典型的定性描述方法。定量模式得到的信息是某一属性在数量值上的大小，用来描述对象有多少，如长度是典型的定量描述方法。

在可视化设计中，形状、位置、颜色的色调等被认为是定性感知通道，而长度、面积、颜色的饱和度和亮度等被认为是定量感知通道。由于数据同时具有定性、定量等不同的视觉属性，因此在对主机状态数据进行可视化时需要用到不同的映射方案。Brewer将色图变化分为 3 种模式：定性、连续和发散[87]。本系统根据展示对象的不同，采用了不同的映射方式。对于主机状态不同的指标，采用定性的方式，用颜色的色调来表示。如图 3-2(a)所示，红色表示问题，橙色表示警报，绿色表示正常，蓝色表示未知。对于主机的整体健康状态，采用红蓝双开连续模式，用颜色的饱和度定量表示。如图 3-2(b)所示，主机根据健康值的大小用蓝色到红色饱和度的渐变来表示，深蓝色表示主机健康值为 0，而深红色表示主机健康值为 100。

(a) 定性颜色映射　　　　　　　　　　(b) 定量颜色映射

图 3-2　颜色映射模式

3.2.2　主机状态指标建模

为了展示主机的健康状态，需要量化几个重要的主机指标：网络连接、CPU 负载、磁盘使用率、内存占用率、页面文件等。不同指标的变化特征是不一样的，有些指标比较稳定、不经常变化，如磁盘占用率；有些指标变化周期性较强，业务访问高峰期使用量大，如 CPU 负载；有些指标比较不稳定、经常变化，如内存占用率。针对不同类别指标的特征设计了不同的计算模型，如表 3-1 所示。

表 3-1　主机状态指标计算模型

类　别	指　　标	特　　征	数 据 模 型
S1	网络连接可用性 SMTP 可用性	取值范围少，只有两种状态，小概率事件影响大	小概率事件决定法，式(3-1)

类　别	指　标	特　征	数　据　模　型
S2	CPU 负载	变化周期性较强	周期平均法，式(3-2)
S3	磁盘使用率 页面文件	比较稳定、不经常变化	完全平均法，式(3-3)
S4	内存占用率	比较不稳定、经常变化	加权法，式(3-4)

假设 T_m 为第 m 个时段，如 T_m 时段可设置为 5、10、30、60 分钟。$x_{1\cdots n}$ 为某个指标在 T_m 时段内不同时间点的实际测量值，则 Si_m 为第 i 类指标在 T_m 时段的计算特征值。

(1)在第 1 类指标特征值 $S1$ 的计算过程中，考虑网络连接中小概率事件对主机服务状态的影响极大，如网络连接中断率等，可认为该时段的计算特征值应为小概率事件值。如式(3-1)所示，$P(\min)$ 为小概率事件的概率，t 为小概率事件发生的时间点。当 $P(\min)$ 大于阈值 λ(如 20%)时，特征值为

$$S1_m = x_t, \qquad P(\min) > \lambda \tag{3-1}$$

如图 3-3 所示，展示了三个子网中各工作站的网络连接可用性指标，纵向按时间发展排列，横向罗列了各子网中的工作站。从热图的分布，可以直观地发现网络连接状态不容乐观，红色和蓝色区域在整图中占领了较大位置。红色表示无法连接，蓝色表示无法获取状态(连接状态未知)，绿色表示正常。可以初步断定，网络中可能存在影响网络连接的攻击，如 DoS 攻击、ARP 病毒或 Botnet 感染等。

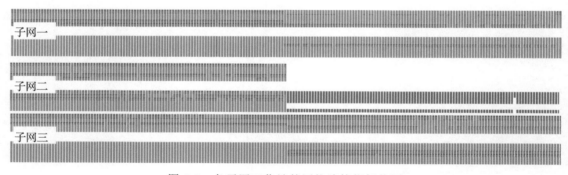

子网一

子网二

子网三

图 3-3　各子网工作站的网络连接指标热图

(2)对于周期变化性较强的第 2 类指标 $S2$，如 CPU 负载，白天工作时间为高峰期，而下班以后负载很低，因此需要将新近数据与历史同期数据进行统一考虑。如式(3-2)所示，p 表示变化周期长度，k 为历史上有多少周期数，通过将当前指标与历史同期值进行综合考虑，能更好地区分不同周期中的指标状态。

$$S2_m = (\overline{x_{1..n}} + (k-1)S2_{(m-p)})/k, \qquad k = \left\lfloor \frac{m}{p} \right\rfloor \tag{3-2}$$

如图 3-4 所示展示了服务器 CPU 负载指标分布图，为了观察方便，去除了正常状态的颜色(绿色)。从图中可以发现，橙色线条在观测周期中多次出现，表示负载最重的服务器 CPU 使用呈现较强的周期性，怀疑为定期的重消耗 CPU 服务造成的，如数据库

备份。当然，也可能是由于分布式拒绝服务攻击导致被攻击的服务器耗尽所有资源。服务器 web03.bigmkt3.com 在 2015 年 4 月 3 日到 5 日出现了一段蓝色线条，表示未获得状态信息，原因有待进一步考证。

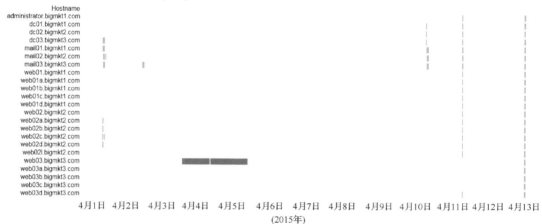

图 3-4 服务器 CPU 负载指标热图

(3)对于比较稳定的第 3 类指标 $S3$，只需把新近的数据与历史数据一同并入考虑即可。如式 (3-3) 所示，$S3_{(m-1)}$ 表示第 3 类指标上一个时间段的特征值。

$$S3_m = (\overline{x_{1\cdots n}} + (m-1)S3_{(m-1)}) / m \tag{3-3}$$

如图 3-5 所示显示了服务器磁盘资源使用量的分布，从图中可以看出，磁盘占用率变化较为稳定，符合完全平均法描述的特征。大部分硬盘资源无变化，一直呈现绿色，但 administrator.bigmkt1.com 和 web01.bigmkt1.com 这两台服务器的硬盘资源指标都从黄色变成红色（从警报变成危险），变化了一个等级。不同的是，到了第二阶段，administrator 主机解决了磁盘问题后，磁盘特征无变化，表示为绿色正常状态，而 web01 这台服务器一如既往的呈现红色高危状态。

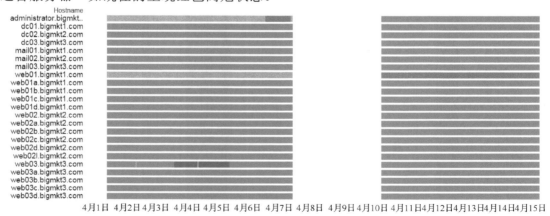

图 3-5 服务器磁盘占用率指标热图

(4)对于经常变化的第 4 类指标 S4，采用新近数据权重大于历史数据权重的方法来考虑。如式(3-4)所示，α 为新近数据权重，特征值为：

$$S4_m = \alpha \overline{x_{1..n}} + (1-\alpha)S4_{(m-1)}, \quad 1 \geqslant \alpha > 0.5 \tag{3-4}$$

3.2.3 主机健康状态故事变迁热图技术实现

上述各模型虽然针对不同类型的主机指标分别求出了相应的主机特征值，但是，无法诠释整机的健康态势。为了营造一个一目了然的健康状态故事，可以为主机健康状态设计一个特征加权目标函数，如式(3-5)所示。

$$\text{HostStatus}_m = \sum \beta_i Si_m \tag{3-5}$$

其中 HostStatus_m 表示主机 T_m 时段的健康值，β_i 表示第 i 类指标的加权系数，对于不同类型指标，可以设置不同的加权值。如对于文件服务器，磁盘空间指标更为重要，则可适当提高指标磁盘使用率的权值。使用同样做法也可以提高邮件服务器的 SMTP 可用性权值、DNS 服务器的 CPU 使用率的权值等。

健康状态故事变迁热图采用红蓝双开连续映射模式，每个主机根据健康值的大小采用蓝色到红色饱和度的渐变来表示。如图 3-6 所示，深蓝色表示主机健康值为 0，而深红色表示主机健康值为 100，主机健康度太高或太低都不正常。同时，将时序特性横向在 X 轴上反映，而纵向采用 TOP N(排序靠前的 N 台主机)的方法排列部分重要的或变化显著的主机。

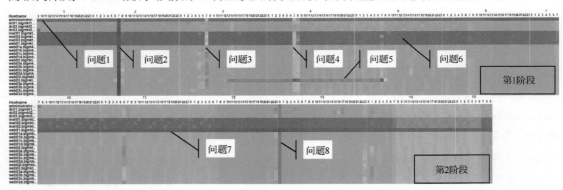

图 3-6 整机健康状态变迁热图

3.3 实验数据分析与异常检测

本节引用的实验数据来自 IEEE Visualization Conference 2013 举办的信息可视化分析锦标赛实用数据集合。该数据集提供了某跨国公司内部网络(主机和服务器约 1100 台)550 万条的主机状态日志(Big Brother Data)。图 3-6 中将实验分为两个阶段，第二阶段在系统中安装了入侵防御系统 Cisco ASA5510，与第一阶段进行比较研究，最终形成该网络主机健康状态故事梗概。

从图 3-6 的热点分布中，网络管理分析人员可以很直观地发现 8 个问题，即图中颜色偏蓝和颜色偏红的部分。特别要提出的是，第一阶段出现的问题明显多于第二阶段。由此可见，入侵防御系统的安装确实有效地保护了内部重要主机。但入侵防御系统也不是万能的保护伞，整个网络系统的安全还需要更多的保护措施。

根据 Yarden Livnat 的理论，安全系统需要明确事件发生的时间、地点和内容三个问题[30]。运用热图看清主机整体健康分布状态，在确定时间、地点两个维度的同时，为了更清楚地展示内容维度，可继续引入堆叠直方图和气泡图作为补充分析工具。

（1）磁盘问题

在图 3-6 中，问题 1 表现为主机 administrator.bigmkt1.com 在第一阶段健康状态一直处于深红色，直到第二阶段才恢复正常。

运用堆叠直方图进一步对该主机各指标进行横向比较研究。如图 3-7 所示，可发现 2015 年 4 月 1 日到 5 日，磁盘占用率(绿色)高居不下，到了 6 日、7 日，问题越发严重。硬盘占用率过高可能与磁盘坏道、木马病毒或者软件冲突有关。根据在图 3-7 中反映出来的情况，表明状态前后突变性强，安装入侵防御系统后立刻降到正常值，初步分析是木马病毒造成的。

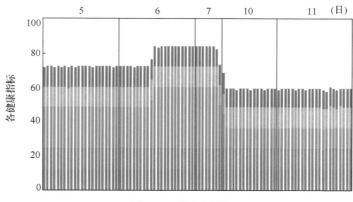

图 3-7　磁盘问题

（2）拒绝服务攻击

在图 3-6 中，问题 2 至问题 4 表现为纵向分布的蓝色竖线，位于 4 月 2 日至 4 日 7:00 左右，颜色深浅有所变化，2 日的线条颜色最蓝。对问题 2 进行下钻分析，采用更小的时间间隔为 1 分钟。如图 3-8 所示，可以清楚地发现从 7:04 到 7:42，所有主机状态一直为深蓝色，表示没有获得任何状态值，原因可能是停电、主机宕机或网络严重阻塞。事后确认当天没有停电，最有可能的原因是服务主机被 DDoS 攻击后，耗尽主机资源后处于假死状态，没有办法再提供健康状态信息。同样情况也发生在 4 月 3 日、4 日，只不过受影响的时间稍短一点。

（3）网络连接问题

在图 3-6 中，问题 5 表现为横向分布的蓝色横线，从 4 月 3 日 13:00 到 5 日 8:00 结束，主机 web03.bigmkt3.com 连续报告主机连接问题。同时，结合图 3-4 和图 3-5 会发现 CPU 和磁盘指标也全部为蓝色未知状态。造成该现象的原因为 web03 主机网络被攻击后阻塞了网络连接，网络中断后无法发送服务器状态信息，造成其他指标值同时缺失。现将连接状态切换到气泡图，如图 3-9 所示，颜色表示该指标健康值的高低，面积表示异常连接的数量，可以发现 web03 这台主机颜色最蓝，面积最大，网络连接问题最严重，网络管理员需要高度重视。

图 3-8　拒绝服务攻击

图 3-9　网络连接异常

（4）主机负荷重

在图 3-6 中，问题 6 至问题 7 表现为跨越若干主机幅度的横向分布红色区域。该区域跨越了整个实验阶段（包含第一、第二阶段），涉及的主机有 mail01、mail02、mail03 和 web01，值得注意的是到了第二阶段，Web01 颜色更红了。

通过用堆叠直方图进行比较分析，如图 3-10 所示，mail01、mail02 和 mail03 主机各指标变化平稳，但指标值偏高。这说明主机负荷过重，应该通过提高主机配置或者增加主机数量作均衡负载提高主机的健康度。而 web01 主机在第二阶段磁盘占用率(绿色)高居不下，主要考虑两种原因：一种情况为确实磁盘空间不够，可以增加硬盘或后挂磁盘阵列来解决；另一种情况为病毒感染，须请管理员组织查杀病毒。

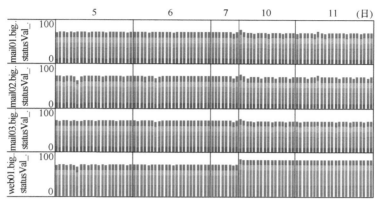

图 3-10　主机负荷重

(5)后台服务

在图 3-6 中，问题 8 表现为纵向分布的一根深红色的竖线，时间在 4 月 13 日 0:00 左右。通过对主机进行纵向对比研究，并对照图 3-4 相互验证，发现所有主机的 CPU 占用率都高(橙色)。当时正值凌晨，前台服务业务量应该不会很大，因此应考虑网络中是否有定时开启的后台业务，如数据备份。

3.4　结果分析与评估

为了对热图可视化工具的实用性和有效性进行评估，可将本方案同其他实现方案进行比较。

如图 3-11(a)所示使用节点链接排列局域网内部的服务器与工作站，由于主机数量较多，内部空间排列拥挤，容易导致图像蔽塞，采用连线方式来指示问题主机，线段较多时，肉眼很难分辨。在图 3-11(a)的左右两幅图中分别指示了 CPU 和网络连接警报，但是该图无法同时对多主机所有的指标进行展示，横向比较困难。如图 3-11(b)所示使用折线图展示整网主机健康趋势图，但是各主机以及其各指标的下钻操作还需要配合其他图技术进行分解。如图 3-11(c)所示使用了用直方图展示主机各指标，技术较为简单，不利于展示整个网络主机健康状态故事，同时，由于直方图各指标横向排列，不利于显示空间的有效利用。

同时，还邀请了高校网络管理人员(网络安全专业人士)6 人和高年级计算机专业学生(普通用户)24 人对热图进行试用和讨论。大部分网络管理人员认为热图对于检测主机健康状态在时间故事叙述上有较为满意的表现，对比传统的日志分析，可以更快速地将安全日志中的异常，通过直观图像表现出来，节省了大量的人力、物力，配合其他的可视化图技术，还可以有针对性地从横向和纵向分析主机异常场景。最后他们也提出了几点重要的建议：

（1）虽然设计了良好的主机指标和整机健康状态的目标函数，能够突显问题主机，但是对主机的筛选方式较为简单，仅能使用 TOPN 方式，当主机过多时，热图矩阵会变得巨大而冗长。建议在健康状态图上增加主机指标筛选机制，使健康状态展示更为灵活。

（2）只用热图进行分析过于片面。在时间故事中定位异常主机后，需要有更多细节分析的工具，在本技术方案中虽提供了堆叠直方图和气泡图，但相对于热图，这些工具稍显幼稚和简单。

（3）主机状态数据都通过预处理存入数据库，但在实际工作中，由于数据量大，数据执行效率会大打折扣，如对 TOP25（排序靠前的 25 台）主机进行渲染需要时间大约为 2～3 分钟。

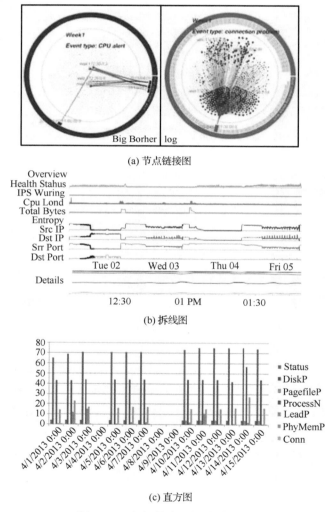

(a) 节点链接图

(b) 拆线图

(c) 直方图

图 3-11 主机状态可视方法比较

(4)对于某些异常，如端口扫描，由于对主机状态影响很小，所以无法察觉，需要配合其他安全数据作进一步分析。

在后续研究中，如何进一步加强程序交互功能，使健康状态展示更为灵活，提高数据分析处理速度，促进多种可视化技术的融合是工作的重点。

3.5　小结

本章提出用可视化热图方法来检查和分析主机状态，用故事叙述的方式描述健康状态的变迁，提高分析的直观性、有效性和趣味性。首先，对影响主机安全的指标进行建模，针对不同指标的特性采用了小概率事件、周期平均法、完全平均法、加权法，去除干扰数据；然后，以故事讲述模式在热图上展现主机健康态势，从时间和地点两个维度展现主机问题域；最后，辅以堆叠直方图和气泡图，从纵向和横向剖析问题细节，揭示内容维度的安全事件真相。实验结果表明，使用该方法能有效去除主机健康中诸多不确定性因素，直观、迅速地发现主机问题，友好地展示主机健康的安全态势。同时，该方法在去除图像闭塞性、突出问题域、感知主机健康态势上有一定的优势，可以快速有效地分析成因，辅助分析人员进行决策。

第4章

基于树图和信息熵时序的网络流时空特征分析算法研究

通过对当代网络流分析技术进行比较研究，针对当前存在的技术问题：网络流数据量大、实时收集和分析困难、缺乏系统化等，本章提出了相应的技术解决方案。首先引入了树图，利用统计算法对海量的网络流数据进行实时汇总，通过树图特征对数据进行空间分析；然后，利用信息熵算法去除网络流中不确定的因素，通过构建多维熵值时间序列图，寻找时间上的特征变换，最终洞悉网络流日志中隐含的复杂信息。

4.1　网络流可视化技术

网络流是一种网络安全数据，它的产生伴随着时间的推移，用于交换数据的测量和统计。网络流被定义为目的网络地址和源网络地址之间的单向分组流，数据包按照源和目的主机传输层端口号相同的原则组装成流。它提供的网络负载视图是会话级而非事务级的，可以记载下每组传输层/网络层数据包的聚合信息。虽然它不像网络包那样提供网络流量的完整记录，但是将数据汇集起来统一考虑分析时，却更加易于管理和理解。

随着现代信息系统安全的升级，网络入侵攻击直接使用木马病毒的比例逐渐降低，而相互间的恶意或非法使用对方网络资源，进而破坏对外提供服务能力的攻击不断增加。传统的方法无法检测并预防此类攻击，对于消耗对方资源的恶意行为，网络安全专家提出了新的方法来检测威胁，用以确定网络反常行为和恶意虚耗。通过与过往流记载是否处于同一水平线来检测网络是否正常，通过与异常流模式是否吻合来检测是否被虚耗，让维护人员可以及时、形象地检查整个网络运行，发现影响性能的瓶颈，智能响应警报信息，保证网络高效、可靠地运行。

当拒绝服务攻击、端口扫描和蠕虫感染等网络入侵行为发生时，常常会在网络流上体现出显著的变化。因此，国内外很多专家以网络流时空特征分析作为网络异常检测的切入点。例如，Zhang 等使用统计分析技术来反映网络状态[88]；Hsiao 等采用空间时间聚合技术来分析恶意网站[89]；Yin 等采用动态熵技术来检测拒绝服务攻击[90]；Sperotto 等通过分析时间序列来进行入侵检测[91]；Francois 等采用 PageRank 技术来检测僵尸网络[92]；夏秦等使用香农熵提高识别攻击的命中率和降低误报率[93]；Yan 等使用信息熵及其改进交叉熵算法来查验和区分异常负载[94]。

网络流可以使用多种可视化方法来分析，因为其自身的时间特征，所以时序图是最常用的方法。网络流时序可以使用单个或多个时间线来表示，将多个对象展示在同一时间序列中能够更好地进行比较和节约显示空间。堆叠图是一种解决多对象合并显示的常用方法，如 Yegneswaran 和 Abdullah 等分别用堆叠面积图和堆叠柱状图可视化流量变化情况[95, 96]；Zhao 等对堆叠面积图布局进行改进，将两组堆叠面积图沿平行轴分别向上和向下进行堆叠，从而提高分析两组数据的效率和可视美观性[47]。另一种常见的网络流时序可视化方法是带有时间维度的二维点阵图(包括矩阵图、像素图和热点图)，时间为一个维度，流量的不同属性使用另外一个维度，由于点阵图更节约显示空间，所以这些图形适合从宏观上展示更多的时序信息[38, 97, 98]。除了上述经典方法外，专家学者们也一直在探索新颖的网络流可视化方法，如 CCSvis 采取三维圆柱体图形来分析 DNS 服务器的进/出负载时序变化模型[99]；ClockEye 用圆上的 24 个扇区表示主机或子网某时间段的流量变化情况[100]；PCAV 采用平行坐标来分析特定的攻击模式[39]；Flow-Inspector 采用蜂巢图来显示大规模数据流[40]。

尽管大量的研究都围绕网络流展开，但是仍有许多问题困扰着研究者。特别是网络流数据量大、实时收集和分析困难、缺乏系统化的方法等问题。本章试图借鉴前人的聚合算法来减少数据量和降低处理难度，同时在图形上展示时空特征，准确实时地进行流量控制和特征分析。

4.2　网络流可视化分析算法

4.2.1　树图算法的选择

树图是分层数据可视化的主要方法之一，适用于对大量层次数据集的观察，同时避免了拥挤问题。经典树图的基础思路是：按照数据的分层组织将可用显示区域按照某种算法分割成有规则的长方形/正方形子区域，子区域面积容量由节点的某个特征决定，同时，对于每一个划分的矩形可以根据其特征设置相应的颜色。与经典的节点链接图相比，它能够十分有效地使用空间和色彩表示层次组织中的子节点。

树图的优点是可以更有效地利用屏幕空间，降低图像闭塞性，使数据结构和数据节点更容易识别，数据的大小更容易比较。树图布局分为矩形和非矩形两种类型，前一种类型的树图属于经典布局算法，其代表有 Slice and Dice、Squarified、Pivot、Strip、Spiral、Ordered Squarified 等；非矩形树图是矩形算法的变形，其代表有使用多边形的 Voronoi、使用三角形的 Divide and Conquer 和使用相切圆的 Circular[101~103]。由于非矩形树图的不规则性，很难与其他技术相结合，而展示可视化的现代显示器多为 16:9（5:4）制式，相对于不规矩的其他形状，矩形区域更适合屏幕显示，所以本系统采用矩形分割的树图进行设计。

最早的 Slice and Dice 结构，针对不同子集使用横切或纵切来划分父节点，这样生成算法就不可避免地生成了许多狭窄的长方形，人眼很难区分；Squarified 结构对以上结构进行了改进，生成图形时使节点区域尽量接近正方形，采用贪婪策略来平衡显示结果和计算效能，适合静态数据情况；Pivot 结构同样改进了矩形的长宽比，试图在保持节点长宽比和节点顺序间取得平衡；Strip 结构根据节点的原始顺序、图形的条带结构，以固定的方向顺序划分区域；Spiral 结构采用由里向外的旋转形式划分节点区域，使相邻节点在空间上彼此相邻；Ordered Squarified 结构根据长度来安排节点的分布秩序，能够更好地根据节点编号查找节点。

综合考虑长宽比、稳定性、可读性、连续性等因素，特别是执行效率，本系统采用 Squarified 算法来生成树图，既能满足大数据量的网络流数据快速生成需要，又能生成长宽比协调的树图方便查找流特征。

4.2.2 树图层次规划

由于受到计算机桌面空间大小的限制，管理的目标主机越多，就会造成屏幕越拥挤。为了避免节点出现拥挤的问题，本系统对目标 IP 采用层次结构的树图管理，如图 4-1 所示。

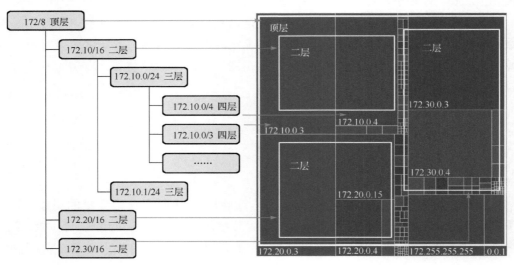

图 4-1　IP 层次结构图

树图中的矩形尺寸和颜色表示网络流的各种特征，如流数、流量、端口数、IP 数等。如图 4-2 所示，矩形框表示目标主机，尺寸表示流数，尺寸越大流数越多，颜色表示目标流量，颜色越红流量越大。

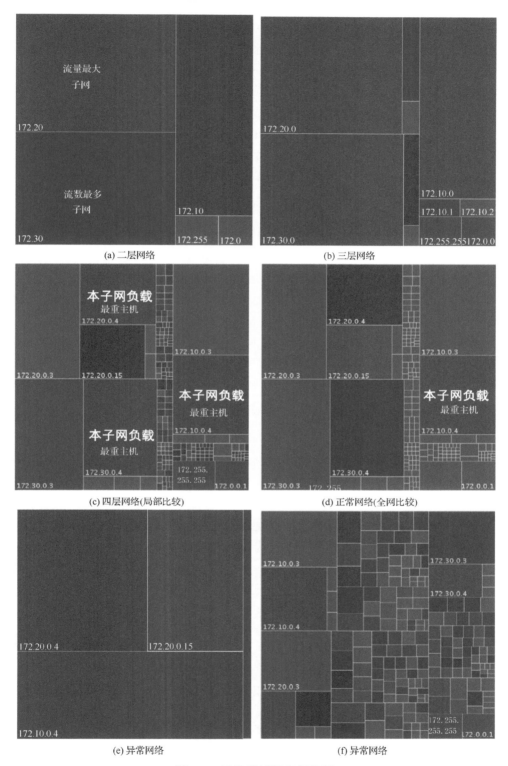

(a) 二层网络　　　　　　　　　　(b) 三层网络

(c) 四层网络(局部比较)　　　　　(d) 正常网络(全网比较)

(e) 异常网络　　　　　　　　　　(f) 异常网络

图 4-2　网络流树图空间特征

其中，图 4-2(a)、图 4-2(b)、图 4-2(c)分别展示了二、三、四层网络。在图 4-2(a)中，可以清楚地看出流量最大(颜色最红)的子网是 172.20/16，流数(尺寸)最多的子网为 172.30/16。在图 4-2(c)中，可以发现每个网段中都有一台主机是网络负载最重的，分别是 172.10.0.4、172.20.0.4、172.30.0.4。

同时，树图可针对某个具体的网段作放大/缩小处理，达到向下深度钻取的目的。对于某个具体的主机特征，在树图中既可以针对当前子网比较，也可以针对全网比较。在图 4-2(c)中，流量是针对本子网的比较即局部比较：每个子网中都有一台主机流量最大，显示为 3 个深红色方块。在图 4-2(d)中，流量是针对全部子网的比较即全网比较：可以直观发现全网中负载最重的主机为 172.10.0.4，显示为唯一的红色方块。

4.2.3 树图空间特征的分析方法

针对异常流特征的分析时，由于树图采用 Squarified Layout 算法绘制，所以网络流正常与否，取决于树图分布情况，当图像过于集中或过于分散时，网络中出现异常事件的概率非常大。如图 4-2(d)所示为网络流正常时的图像，如图 4-2(e)、图 4-2(f)所示为网络流异常时的图像。

指数分布是概率统计中重要的分布函数，可表示独立随机事件发生的时间距离，例如，旅客进入机场的时间间隔、互联网网页链接的引用和被引用前/后时差等。经过对流量负载进行分析计量，可以发现网络流符合指数分布。下面采用指数分布函数描述：

$$F(x) = \begin{cases} \lambda e^{-\lambda x}, & x > 0 \\ 0, & x \leqslant 0 \end{cases} \tag{4-1}$$

当 $\lambda \geqslant 0.3$ 时，如图 4-2(e)所示，图像表示为少数几个矩形大块，形成原因：少数几台主机遭受海量网络流攻击，符合拒绝服务攻击特征。当 $0.1 < \lambda < 0.3$ 时，如图 4-2(d)所示，图像表示为矩形大块周边环绕着许多小块，形成原因：公司中主要使用的设备有服务器和用户机，服务器业务数据访问量较大、数据流大，树图上表现为占据屏幕中较大的空间；而其他用户的流量较小，树图上表现为紧贴着服务器大区域边上的小块。当 $\lambda \leqslant 0.1$ 时，如图 4-2(f)所示，图像表示为矩形大小分布较为均匀，形成原因：目标网络中的主机遭受到外部较为均匀的扫描。

4.2.4 信息熵算法

信息熵又称香农熵，表示特定的信息或事件在数学上的概率，在处理数据的人机系统中用于表示信息本身的不确定性。由于数据流中有非常多的不确定因素，所以信息熵非常适合用作本节的研究对象。一个信息或事件越确定，它的信息熵越低，反之，它的信息熵越高。

定义 4-1 如果某信息或事件出现的概率为百分之百，则信息量为零。如果某信息或事件出现的概率为零，则信息量为最大。设某信息或事件 x_i 出现的概率为 $p(x_i)$，则信息量为

$$H(X_i) = -\log_e p(x_i) \tag{4-2}$$

其中，e 为对数的底，通常取值为 2。式 (4-2) 用于表示单个事件的信息量。但是，当需要描述信息或事件集合的平均信息量时，就需要信息熵了。

定义 4-2　设事件集合 $X = (x_1, x_2, x_3, \cdots, x_n)$ 的发生概率分别为 $P = (p(x_1), p(x_2), p(x_3), \cdots, p(x_n))$，则信息熵 $H(X)$ 定义为

$$H(X) = -\sum_{i=1}^{n} p(x_i) \log_e p(x_i) \tag{4-3}$$

信息熵具有如下数学性质。

- 非负性，$H(X) \geqslant 0$。当且仅当单个事件 $P(X_i)$ 概率为 1 时 $H(X) = 0$。
- 当所有事件发生概率相同时，即当 $P(X_i) = 1/n$ 时，信息熵达到最大值 $\log_2 n$。
- 熵的多个事件信息量 $(x_1, x_2, x_3, \cdots, x_n)$ 满足交换律，因此概率分量 $p(x_1)$，$p(x_2)$，$p(x_3)$，$\cdots$，$p(x_n)$ 位置互换并不影响信息熵的值，这表明信息熵关注事件的发生概率的总体分布，而不是某个具体的事件。

定义 4-3　P、Q 是事件集合离散分布，p_i、q_i 是概率 P、Q 的分布函数，为了度量分布 P 在统计区分意义上不同于分布 Q 的程度，熵交叉算法定义为

$$L_\alpha(P, Q) = \frac{1}{1-\alpha} \log_e \sum_{i=1}^{n} \frac{p_i^\alpha}{q_i^{\alpha-1}} \tag{4-4}$$

熵交叉算法具有如下数学性质：

- $L_\alpha(P, Q) \leqslant 0$。
- 如果 $P = Q$ 或 $\alpha = 0$，则 $L_\alpha(P, Q) = 0$。
- $L_\alpha(P, Q)$ 越小，则需要获得更多的信息来区分 P 和 Q。

4.2.5　网络流时序算法

定义 4-4　时序是由事件内容 s 和时间戳 t 组成元组的排列集合，记为 $ST = (st_1, st_2, \cdots, st_n)$，元素 $st_i = (t_i, s_i)$ 表示时序在 t_i 时刻的事件内容为 s_i，t_i 是严格增加的，每次递增间隔时间 Δt（$\Delta t = t_{i+1} - t_i$，Δt 根据粒度需要可设为 60 秒、300 秒、600 秒等）。

对于网络流数据，作者经过仔细斟酌，选择最能反映网络流变化趋势的 6 个时序维度来体现网络安全趋势：

- 源地址（SrcIP）；
- 目标地址（DestIP）；
- 源端口（SrcPort）；
- 目标端口（DestPort）；
- 源流每包字节数（SrcBpp）；
- 目标流每包字节数（DestBpp）。

如果直接使用 6 个流特征的统计值，则无法准确体现网络异常行为在流量中的表现

模式，本节使用信息熵作为度量指标，为了计算方便，对数底数取 2，如式 (4-5) 所示：

$$H(X) = -\sum_{i=1}^{n} p(x_i)\log_2 p(x_i) \qquad (4-5)$$

如果数据集中于一点，也就是说，所有数据具有相同的值，则信息熵为 0；相反，如果数据分布很广，则信息熵很大。例如，如果恶意软件针对一个主机的全部端口进行扫描，则目标端口信息熵很大；如果针对整个网络的同一端口扫描，则目标端口信息熵很小。定义网络流信息熵向量如式 (4-6) 所示：

$$E(t) = [H_t(\text{SrcIP}),\ H_t(\text{DestIP}),\ H_t(\text{SrcPort}),\ H_t(\text{DestPort}),\ H_t(\text{SrcBpp}),\ H_t(\text{DestBpp})] \qquad (4-6)$$

该向量反映了时间窗口 t 内的网络状态，信息熵向量的时间序列 $E(1)$、$E(2)$、$E(3)$、$E(4)$、$E(5)$ 等，能够反映一段时间的网络状态。可以取网络平稳运行的一段时间作为基准熵，如式 (4-7) 所示，其中 n 为网络流的多个正常时间窗口序列，可通过学习网络正常时间窗口内信息熵值获取。

$$E(\text{Normal}) = \frac{1}{n}\sum_{t=1}^{n} E(t) \qquad (4-7)$$

为了能够区分某个时间窗口内的网络状态是否正常，可以使用熵交叉算法进行判断，为了简化计算，α 取 0.5，如式 (4-8) 所示：

$$L_{0.5}(P,Q) = 2\log_2 \sum_{i=1}^{n} (p_i q_i)^{1/2} \qquad (4-8)$$

通过计算当前观测点与正常点的相对信息，可以确定当前状态偏离正常状态的程度，并判断当前状态是否正常，如式 (4-9) 所示，其中 Current 为当前时间窗口内的网络流分布函数，Normal 为正常时间窗口内的网络流分布函数，Threshold 为基础阈值（取值可由实验方法确定）。

$$\left| L_{0.5}(\text{Current},\ \text{Normal}) \right| > \text{Threshold} \qquad (4-9)$$

通过信息熵的设计，最终绘制出的时序如图 4-3 所示。用同色系颜色表示同类数据维度，其中 IP 地址用红色系，端口用绿色系，每包字节数用蓝色系，灰色竖线表示时间窗口，红色竖线表示网络异常。

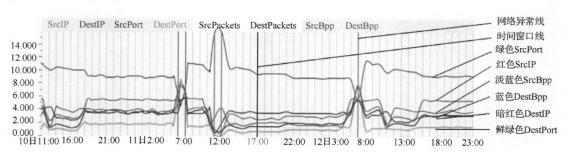

图 4-3　网络流特征信息熵图

4.2.6　时序图时间特征分析方法

通过分析树图，根据树图特征可以发现某个时间窗口内的网络流空间特征，但对于一段较长时间的网络流安全态势，树图却不及时序图体现得更为直观，下面通过提取时序图特征来进行定性分析，如表 4-1 所示。其中"↓"表示网络流信息熵曲线呈下降趋势，"↑"表示曲线上升，"—"表示变化不明显。

表 4-1　异常流信息熵特征

攻击类型	SrcIP 红	DestIP 暗红	SrcPort 绿	DestPort 鲜绿	SrcBpp 蓝	DestBpp 淡蓝
单目标主机多端口扫描	↓	↓	↓	↑	↓	↓
多目标主机单端口扫描	↓	↑	↓	↓	↓	↓
多目标主机多端口扫描	↓	↑	↓	↑	↓	↓
单源拒绝服务攻击	↓	↓	↑	↓	↓	↓
伪造源地址拒绝服务攻击	↑	↓	↑	↓	↓	↓
针对子网拒绝服务攻击	↑	↓	↓	↓	↓	↓
分布式拒绝服务攻击	↑	↓	↑	↓	↓	↓
正常流	—	—	—	—	—	—

对表 4-1 的变化可以做一个简要分析，不同的网络状态会出现不同的图像特征。例如，如果恶意软件或黑客扫描整个网络主机的同一端口（多目标主机单端口扫描），则窗口周期内的源网络地址会相对集中到黑客主机上，目的主机会出现大量相同的被扫描端口，目标网络地址因为有序扫描所有主机会变得很宽，则 SrcIP 信息熵会变小，DestPort 信息熵会很小，而 DestIP 信息熵会变大；如果恶意软件或主机针对整个网络主机的不同端口扫描（多目标主机多端口扫描），目标端口和目标 IP 变得很宽而且有序，则 SrcIP 信息熵会变小，DestPort 和 DestIP 信息熵会变大；如果出现单源拒绝服务攻击，攻击源主机会产生大量发往目的主机的请求连接包，这样势必会造成 SrcIP、DestIP 和 DestPort 信息熵减小的现象；如果网络流正常，所有的信息熵值变化较为平缓。

4.3　实验与数据分析

本书引用的实验数据来自 IEEE Visualization Conference 2013 举办的信息可视化分析锦标赛实用数据集合。比赛数据提供了某跨国公司内部网络（主机和服务器约 1100 台）的 7000 万条网络流日志。

通过在信息熵时序图上分析网络安全态势，匹配图像特征，找出网络异常时间窗口，然后在树图上进一步分析网络流空间特征的方法，能直观快速地发现和分析问题。

如图4-4(a)所示，在信息熵时序图中，4月10日上午7:00被红色竖线标记(熵交叉算法阈值取0.08)，表示该处发生了网络流异常，图像特征表示为绿色系和红色系曲线各自一上一下相交，绿色的 SrcPort 曲线下降，表示攻击源端口比较固定；鲜绿色的 DestPort 曲线显著上升，表示目标源端口范围较广；红色的 SrcIP 曲线略有下降，表示访问内网的源主机稍有减少；暗红色的 DestIP 曲线显著上升，表示内网中被访问的主机显著增加。查表4-1知异常类型为多目标主机多端口扫描。进一步查看树图，了解网络流空间分布细节，矩形块分布较为均匀且主要为蓝色，表示绝大部分主机流数和流量很低，可以确认是多目标主机多端口扫描。

如图4-4(b)所示，4月12日11:00被红色标记，信息熵时序图中除了暗红色线条略有上升外，其他线条都呈下降或低谷状态，暗红色的 DestIP 曲线上升表示被扫描的主机地址略有增加，蓝色的 SrcBpp 和 DestBpp 曲线下降表示扫描包的大小都差不多，鲜绿色的 DestPort 曲线维持低水平表示被扫描的端口少而明确，符合多目标单端口扫描特征。查看树图，矩形块分布较为均匀且主要为蓝色，符合该攻击特征。

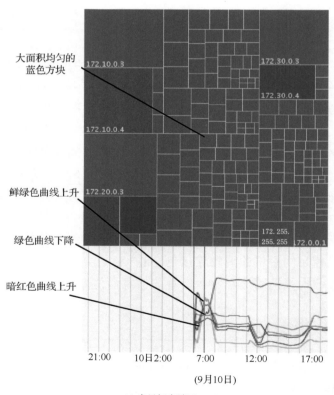

(a) 多目标多端口PortScan

图4-4　网络流异常综合分析图

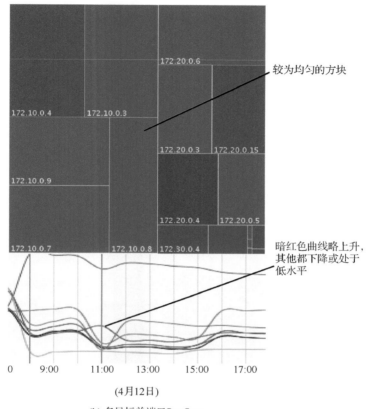

(b) 多目标单端口PortScan

图 4-4 网络流异常综合分析图(续)

如图 4-5 所示,4 月 14 日 14:00 被红色标记,绿色系线条出现一个极高峰和一个极低峰,鲜绿色的 DestPort 曲线显著下降,表示攻击目标端口集中,绿色的 SrcPort 曲线显著上升,表示攻击源端口很多,几乎涵盖了源主机所有的端口,这是攻击方特意伪造的表现,信息熵时序特征符合伪造源地址拒绝服务攻击特征。进一步查看树图,图像中只有 4 个矩形块,其中 172.10.0.4 和 172.20.0.4 为深红色,承受了巨大的网络流数据。用鼠标单击 172.10.0.4 块,右边信息框中出现详细信息,该主机遭受了 14 个源地址、63 344 个源端口、2 个目标端口、1 441 338 330 字节流量的攻击;用鼠标单击 172.20.0.4 块,该主机遭受了 8 个源地址、63 639 个源端口、1 个目标端口、1 342 772 662 字节流量的攻击。

同时,在几乎所有的树图上都发现了一个有趣的模式。在图 4-2(c)、图 4-2(f)、图 4-4(a)中,右下角都有两个地址为 172.255.255.255 和 172.0.0.1 的主机,流量不大而流数不小,图像表示为两块不小的深色区域,究其原因,应为公司内部启用网络电话,这些不大的流量用作了网络通话时使用的带宽。

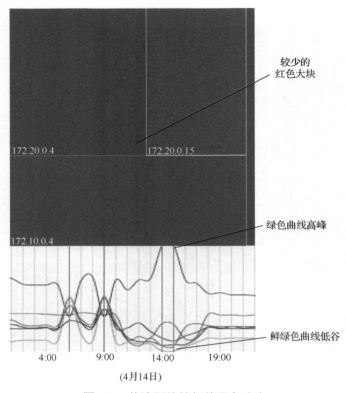

图 4-5　伪造源地址拒绝服务攻击

4.4　结果分析与评估

本章通过将时序图、树图结合起来对网络流进行分析，实现了时序分布特征和空间分布特征分析的融合，特别是基于信息熵算法的网络流量异常检测更为精准有效，主要包括如下几个方面：

（1）相对于传统的时序图，本系统设计信息熵算法表示网络安全态势，代替原有简单的信息量统计技术，采用网络流的 6 个特征信息熵值绘制时间序列图、熵交叉算法来区分正常流和异常流，分析人员能更加直观地发现网络问题，初步分析攻击类型。

（2）相对于用点阵的方式表示内网主机，本系统采用的树图层次结构表示，有利于管理大型和超大型网络，不会出现由于显示空间不足造成图像拥挤、无法分辨图像的问题，达到降低图像闭塞性的作用。

（3）分析整理出一套直观图像特征分析方法，通过创建图像特征规则，直观分析攻击，发现感兴趣的模式。

但是，本章介绍的信息熵时序图和树图算法还只是初步的探索，尚有许多不足有待完善，主要包括如下几个方面：

（1）虽然针对数据流的各个维度设计了信息熵时序，但是当维度较多时，各曲线会互相重叠和交叉，给视觉观察带来一定难度。如果继续增加维度，会导致视觉混乱，因此可以考虑使用堆叠图来解决问题。

（2）对于一般非专业人员，如果不通过一定的学习，是很难看懂和理解树图的，可视化的目的是可以形象生动地展示数据，因此，建议初学者或非专业人士采用更加喜闻乐见的可视化形式。

（3）熵交叉算法的引入，可以很方便地进行人机配合，设定阈值后机器可以自动标注问题区域，然后利用人类认知能力强的特点来进一步分析。但是，在实验过程中发现：阈值的取值对机器识别异常的影响较大，系统中并未就阈值的合理设计给出方案，阈值设置全凭管理员的经验。

在后续研究中，进一步加强图像的可理解性，降低使用门槛，促进多种可视化技术的融合是工作的重点。

4.5　小结

本章针对规模日益扩大、变化不断加速、管理和分析难度不断增加的网络流日志，提出利用可视化方法来快速、有效识别网络中的攻击和异常事件，掌握网络安全态势。研究并构建了一种信息熵时序图和树图相结合的可视化系统，重点针对网络流记录 6 个特征维度的信息熵，通过绘制时序图来从大局高度把握网络运行时序情况。同时，引入树图来深度挖掘入侵细节，把握空间细节。系统还通过创建图像特征规则，从图像上直观分析攻击，发现感兴趣的模式。通过对 VAST Challenge 2013 年网络安全可视分析竞赛数据进行分析，证明该系统可以直观地从宏观和微观两个层面感知网络安全状态，有效识别网络攻击，协助管理员进行决策。

第5章

入侵检测与防御可视化中辐状图改进技术研究

本章主要解决的技术问题是入侵检测与防御数据量大、维度多、变化快、信息隐蔽、重/误报多等。首先，尝试使用辐状汇聚图来可视化入侵检测系统数据，重点突出美观实用性，并通过色彩搭配、曲线选择和节点布局等工作来提升美感；然后，继续改进布局模式，将节点链接图、辐状图与可视化入侵防御系统数据相结合，通过合理分配维度来容纳更多的数据，通过改变链接图的节点映射顺序挖掘隐蔽信息和攻击模式，通过可视化筛选降低图像密度和去除重/误报。

5.1 辐状图技术

信息可视化的目标是以图形化、交互、可理解、优美的方式传达技术信息。近年来，图形的审美越来越受到设计人员的重视，本节重点引入和改进辐状图可视化方法，又称为径向图。辐状图可视化是信息可视化和人机交互研究中越来越受欢迎的隐喻方法。在信息可视化领域有许多文献利用辐状图可视化进行研究和实验，如 VisAlert、Hyperbolic BrowserRadial 和 Traffic Analyzer[30,104,105]。辐状图可视化的盛行主要在于它的审美情趣、紧凑的布局及良好的用户接受能力。使用辐状图这种隐喻可视化方法，使进一步分析研究对象成为一种享受而不是枯燥的数据折磨。

辐状图由 Hoffman 等人于 1990 年设计的[106]。作为辐状图的前身，如图 5-1 所示，饼图（Pie Chart）、雷达图（Radar Plot）、星图（Star Plot），经常使用在商业和媒体沟通的数据可视化中。而后来，辐状图及其改进图越发丰富地运用在数据分析的各行各业，如酒店的客户评论、微博的传播性、敦煌壁画的裂化特征、商业伙伴的内在关系[107~110]等。

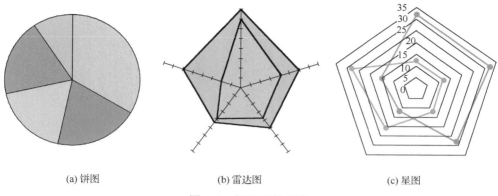

(a) 饼图　　　　　　　　(b) 雷达图　　　　　　　　(c) 星图

图 5-1　辐状图的前身

经典的辐状图可以分为三种模式：极坐标(Polar)、空间填充(Space Filling)和环图(Ring)。极坐标图的中心图形一般表示特殊的意义，它可以代表树的根节点、坐标系统的起源等，其他节点从中心径向向外扩展，如图 5-2(a)所示。由于极坐标树中的节点非均匀分布，导致空间没有有效地利用，使得空间填充技术应运而生，它结合了饼图和极坐标的优势，通常安排数据为同心圆、螺旋或等间隔集群，有效地利用了空间面积，如图 5-2(b)所示。环图模式是辐状图发展的第三个阶段，它同时借鉴了极坐标图和空间填充模式，感兴趣的节点被放置在圆环周边上，通过弧连接环上的节点，圆环中心通常是没有意义的，但有时也会显示一些附加信息，如图 5-2(c)所示。

辐状图可视化可以用来表示层次数据、连续的周期数据、实体之间的联系等，新的可视化系统可以通过创建多图的联合模式来应对新的问题域。根据展示数据的实际需要，新的模式不断涌现，例如，Burch 等结合了空间填充和环模式生成可视化动态复合图[111]，IDSRadar 结合了雷达图和空间填充技术来展示多数据源[112]。

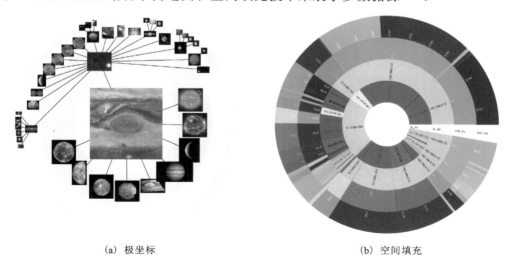

（a）极坐标　　　　　　　　　（b）空间填充

图 5-2　辐状图的三种模式

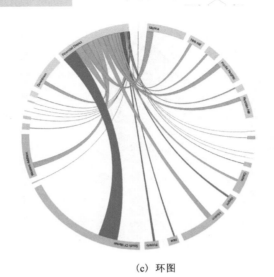

(c) 环图

图 5-2　辐状图的三种模式（续）

辐状图还只是一个相对年轻的学科，近年来在信息可视化领域已经取得了重大进展，但是在显示更大的层次结构、扭曲或向上/下钻取的新技术、多平台特别是移动平台人机互动上仍有待加强[113]。

5.2　辐状汇聚图设计与实现

5.2.1　用户接口界面设计

用户接口视觉效果的好坏直接影响用户的体验。视觉效果的设计涵盖了屏幕布局、色彩使用、信息安排等。

针对入侵检测设计的可视化分析系统 IDS View 界面，在图形选择上采用了改进的环形辐状面板，如图 5-5 所示。

（1）系统由辐射面板和内部汇聚曲线两个主要部分构成。辐射面板由两个弧构成，右侧弧用于显示网络警报分类和警报，左侧弧的较大区域用于显示子网（或自定义分组）和主机。弧的宽度表示所触发该警报类型的数量，弧度越大表示该警报数越多。

（2）环内的曲线用于显示警报细节，曲线的一端指向警报，另一端指向有关联的主机。环内曲线的粗细表示某种攻击对应具体主机的警报数量，曲线越粗，表示该种攻击的数量越多。警报量剧增时，环内曲线密集，容易混淆攻击目标与方向，因此设计了多段拟合三次贝塞尔曲线在两端进行汇聚。

（3）右边的三个辐射面板是对主视图的补充，分别显示本地主机端口所受攻击的源 IP、源端口和警报类型等信息。

（4）所有的用户交互提示不会直接显示在辐状图上，当用户用鼠标单击圆上的弧时，提示会出现在左侧的 Alert Message 编辑框中，避免对图像的干扰。

5.2.2　色彩选择与混合算法

颜色的选择主要与眼睛辨别能力和视觉疲劳有关。实验表明，在视觉领域，人对色彩差异比亮度差异要更加敏感，通常选择色彩对比时以色调/色相对比为主，蓝色和紫色(以下简称色调 1)最容易引起视觉疲劳，红色和橙色(以下简称色调 2)紧随其后，而黄色、绿色、青色(以下简称色调 3)等不易引发视觉疲劳。为了降低视觉压力，专家建议在视觉规模中保持匀称的色彩明亮度。本系统中对不同的警报类型用不同的色调表示，隶属于同一警报类型的警报用该色系不同亮度的颜色表示。

主机弧的颜色由该主机所触发警报颜色共同混色决定，主机的颜色越接近某种警报的颜色，它受该种攻击的数量就越多。这里有个颜色混合和视觉疲劳的矛盾，红/绿/蓝色分别处于视觉疲劳的三个等级中，如果采用不易引起视觉疲劳的色调 3，则混色后的主机颜色为同色系，不同的警报和主机从颜色上难以分辨。折中的方法是应用统计的方法，警报数量多的警报类型采用色调 3，警报数量少的警报类型采用色调 1，这样既考虑了视觉疲劳因素又满足了颜色混色需要。混色算法如下：

假设选择红/绿/蓝色(RGB)模式，警报种类有 N 种，警报颜色矩阵 $\boldsymbol{A}$ 如式(5-1)所示：

$$\boldsymbol{A} = \begin{pmatrix} A_{1R} & A_{2R} & ... & A_{NR} \\ A_{1G} & A_{2G} & ... & A_{NG} \\ A_{1B} & A_{2B} & ... & A_{NB} \end{pmatrix} \tag{5-1}$$

其中，A_{iR}、A_{iG}、A_{iB} 分别表示第 i 警报的红/绿/蓝色三分量。主机有 M 台，主机颜色矩阵 $\boldsymbol{H}$ 如式(5-2)所示：

$$\boldsymbol{H} = \begin{pmatrix} H_{1R} & H_{2R} & ... & H_{MR} \\ H_{1G} & H_{2G} & ... & H_{MG} \\ H_{1B} & H_{2B} & ... & H_{MB} \end{pmatrix} \tag{5-2}$$

其中，H_{jR}、H_{jG}、H_{jB} 分别表示第 j 台主机的红/绿/蓝色三分量。当前的警报矩阵为 $\boldsymbol{C}$，C_{ij} 表示攻击第 j 台主机的第 i 种警报的次数，则主机颜色矩阵 $\boldsymbol{H}$ 如式(5-3)所示：

$$\boldsymbol{H} = \boldsymbol{A} \times \boldsymbol{C} \times \begin{pmatrix} \frac{1}{\sum_{k=1}^{N} C_{k1}} & 0 & ... & 0 \\ 0 & \frac{1}{\sum_{k=1}^{N} C_{k2}} & ... & 0 \\ ... & ... & ... & 0 \\ 0 & 0 & 0 & \frac{1}{\sum_{k=1}^{N} C_{km}} \end{pmatrix} \tag{5-3}$$

5.2.3 汇聚曲线算法

随着警报时间段的增加，警报数量也会大幅度提升，图形数据量激增，当达到 1 小时以上时间段时，图上数据拥挤、闭塞，就难以发现数据隐含的价值了。为了保证图形的美观，环内弧线采用的是贝塞尔曲线，定义如式（5-4）所示：

$$P(t) = \sum_{k=0}^{n} p_k \mathrm{BEN}_{k,n}(t) \qquad t \in [0,1]$$

$$\mathrm{BEN}_{k,n}(t) = C_n^k t^k (1-t)^{n-k} \qquad k = 0,1,\cdots,n$$

(5-4)

本系统中采用的是三次曲线（$k=3$），当时间段内警报数量较少时，图形显示清楚美观，容易区分，但如果警报数量激增，三次曲线反而会因为图形过于均匀而造成图像闭塞拥挤。如图 5-3（a）所示，时间段为 5 分钟；如图 5-3（b）所示，时间段为 1 小时；如图 5-3（c）所示，时间段为 12 小时，此时警报信息已很难区分清楚了。如图 5-3（d）所示为改进后的三次曲线，时间段同为 12 小时，改进后的曲线在警报弧和主机弧两端进行了汇聚，在表示攻击类型和目标上较为清楚。

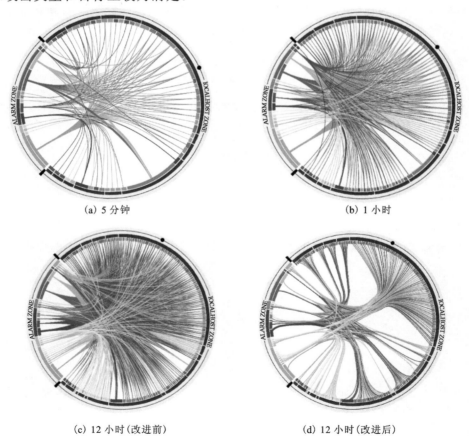

(a) 5 分钟 (b) 1 小时

(c) 12 小时（改进前） (d) 12 小时（改进后）

图 5-3 三次贝塞尔曲线

改进的方法是：对警报源相同的警报在环的左侧进行汇聚处理，对主机相同的警报在环的右侧进行汇聚处理，曲线采用多段拟合三次贝塞尔曲线。$P(x,y)$ 表示 P 点的坐标轴，曲线绘制的关键在控制点的选择上，如果当前主机（警报）的角度为 β，当前子网（警报类）的角度为 α，圆半径为 r，警报区/主机区汇聚高度为 h，汇聚宽度为 d，当前圆心坐标为 $(0,0)$（可通过二维坐标变化得到），则相邻的两段三次贝塞尔曲线前段 P_3 和后段 P_0' 重合，前段 P_2 点和后段 P_1' 点的选择为经过前段 P_3 点（后段 P_0' 点）贝塞尔曲线的切线上，具体控制点的规划如图 5-4 和式 (5-5) 所示。

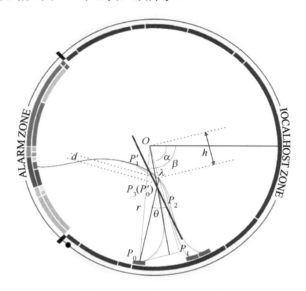

图 5-4　多段拟合三次曲线

$$x_{P_0} = r * \cos(\beta)$$
$$y_{P_0} = r * \sin(\beta)$$
$$\theta = \arctan \frac{r \sin(\beta - \alpha)}{r \cos(\beta - \alpha) - h}$$
$$\lambda = \arctan \frac{d \sin \theta}{h + d \cos \theta} \tag{5-5}$$
$$x_{P_3} = \frac{d \sin \theta}{\sin \lambda} \cos(\alpha + \lambda)$$
$$y_{P_3} = \frac{d \sin \theta}{\sin \lambda} \sin(\alpha + \lambda)$$

5.2.4　端口映射算法

恶意程序进攻的对象具有多样性，而计算机端口是入侵的关键部位。经过统计分析发现，攻击主要集中在两个部分，一是传统的端口 0～1024，如网站发布服务（端口 80）、文件传输服务（端口 21）、电子邮件传输服务（端口 25）、电子邮件接收服务（端口 110）

等，这些服务是由来已久的；二是高位端口（≥1024），一些新的服务，如 SQL 服务器（端口 1433）、远程登录服务（端口 3389），一些恶意程序的后门端口如 2745、2946、3127、4168、5554、6129 等，同样是入侵重点部位。同时还发现，在固定时间段内，对高位端口的攻击是较为集中、连续的，所以在用辅助图表现本地主机端口遭受攻击视图时，对低位端口和高位端口角度的计算采用了不同的处理算法。

考虑低位端口范围不宽，主要为传统服务端口，攻击端口的概率符合均匀分布，对每个端口平等对待；高位端口范围较广，而在固定时间内对某主机的攻击端口集中在一段区域，符合正太分布特点，这样设计的目的是突出受攻击的端口区域而不是整个高位端口。假设，高（低）位端口开始角度为 ω，高（低）位端口结束角度为 τ，port 为本次攻击端口号，$port_{High}$、$port_{Low}$ 为固定时间段内攻击端口的最大角度和最小角度，$P(x)$ 为攻击的概率密度，则攻击目的主机端口角度 $F(port)$ 如式（5-6）所示。

$$
\begin{aligned}
&P(x) = \frac{1}{b-a} \qquad\qquad\qquad\quad port < 1024,\ b = 1024,\ a = 0 \\
&F(port) = \omega + (\tau - \omega) \cdot P(x) \cdot port \\
&P(x) = \frac{1}{\sqrt{2\pi}\sigma} e^{-\frac{(x-\mu)^2}{2\sigma^2}} \qquad\quad port \geq 1024 \\
&\mu = (port_{High} + port_{Low})/2 \\
&\sigma = (port_{High} - port_{Low})/2 \\
&F(port) = \omega + (\tau - \omega) \cdot \sum_{x=1024}^{port} P(x)
\end{aligned}
\tag{5-6}
$$

5.2.5 入侵检测系统实验数据分析

本节选取的实验数据来自某高校网络中心实际运营中捕捉到的 Snort 安全日志。在测试的两天中共捕获入侵警告 13 大类 62 小类共 52 万条记录。

在图 5-5 中，尝试用辐状汇聚图把握整个校园网络的安全状态，首先通过导入 Snort 数据到本分析系统，然后用设计的 IDS View 可视框架主图从宏观上观察评估网络安全态势，从辅助图微观上发现具体的入侵细节。

宏观上，设置一个较长的观察时间段，如 1 小时，图形中明确指示出警报最多的网段是 172.25.15/24，该网段为阅览室，由于采用开放式管理，使用人员较杂，受到的攻击多，触发的警报量大，主机色介于棕色和绿色之间，警报多为棕色警报 1（No Content-Length or Transfer-Encoding in Http Response）和绿色警报 8（Sensitive-Data Email Addresses）。警报最多的主机是 172.25.25.3，是教学楼代理上网服务器，攻击量有 1584，警报也集中为警报 1 和 8，攻击端口介于 62 417 到 64 392。而高校主服务器区受到的攻击较少，攻击类型集中于蓝绿色警报 2（PSNG_UDP_DECOY_Portscan）和深蓝色警报 4（Reset Outside Window），端口攻击集中于 80，没有入侵成功迹象，学校网络安全态势整体平稳，重点部位服务器区较好。而下属子网，由于缺乏必要的管理或安全措施不到位，有待进一步完善。

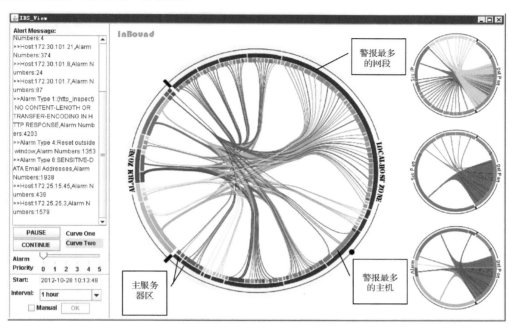

图 5-5　IDS View 可视框架主图

微观上，将视野切换到右边的辅助图，进一步观测警报最多的主机 172.25.25.3，同时缩短观察时间段（10 分钟）。如图 5-6 所示，用四个时间段来分析：四幅图中共同的进攻序列是警报 1（橘红色）、4（蓝色）、8（绿色），在图 5-6(b) 和图 5-6(c) 中增加了红色攻击 11（Data sent on stream not accepting data）、淡蓝色攻击 12（Bad segment, adjusted size ⩽ 0）、紫色攻击 14（File-Identify Portable Executable Binary File Magic Detected），说明攻击者试图植入可执行二进制代码来攻击该主机。

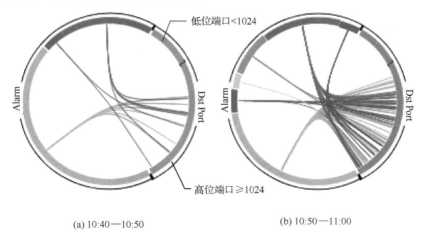

(a) 10:40—10:50　　　　　　　　　(b) 10:50—11:00

图 5-6　入侵端口辅助图

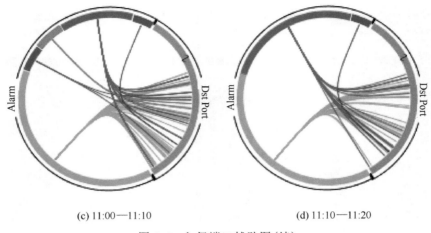

(c) 11:00—11:10   (d) 11:10—11:20

图 5-6   入侵端口辅助图(续)

5.3   辐状节点链接图设计与实现

5.3.1   节点链接图改进技术

对于层次结构的网络数据,父子关系的节点链接图是一个重要的表示形式。它将数据组织成一个类似于树节点的连接结构,节点和连线表示数据维度和它们之间的关系,广泛应用于网络取证[114]、无线传感器网络节点配置[115]、主机行为监控[16]等方面。很多学者都对该图的布局技术进行了改进性研究,如减少交叉边数量、降低长短边比率、提高对称性等。但是,当节点和边大量增加时,通常会遇到闭塞性问题,也就是说,相互交错重叠的节点和连线会使图像难以分析和交互,造成视觉混淆现象[116]。

最近一些研究中,技术人员尝试从不同角度提高节点链接图的可读性与可用性。例如,Huang Weidong 采用 forceAR 算法提高角分辨率(相邻两边的分离角度标准),以改善图像美观度和方便人们理解[117];WordBridge 对节点和连接采用标签云来标志,用标签云的关键字突出联系的本质特点[118];Colin Ware 采用交互手段访问大图,当用鼠标单击时,相应的子图会被点亮,这种交互强调的办法比静态方法更为有效[119];SideKnot 设计了一种高效算法,使边在节点附近进行捆绑和打结,以避免视觉混乱和突出连接趋势,适合超大型网络结构[120];Li 等提出了一种分层结构的 Force-Directed 布局,用弹簧来模拟边和节点的自动分布,自动扩展方式给图像以清晰美观的展现粒度[121];NetSecRadar 结合了节点链接图和圆形布局图来展现网络安全数据,以便于更好地利用圆中心面积,节点采用力导向布局在圆内排列了上千个工作站点而不显拥挤[122]。

相比于其他点阵表示方法,节点链接图最大的优势在于理解内在联系和路径查找直接。通过对布局模式进行改进,结合其他技术展开信息可视化,是未来节点链接图技术发展的一个新方向。本章试图将节点链接技术与辐状图技术进行强强联合,既保持节点链接图的路径查询优势,又充分考虑辐状空间利用和美观的特点。

5.3.2　基于节点链接图的辐射状表示方法

随着大数据时代的到来,视觉分析的对象变得越来越复杂。对于节点链接图,当节点数超过 20～30 个,边数达到节点数的一倍时,图像就会变得视觉混乱[119]。尝试研究改进节点链接的布局技术,对整体采用辐射状布局,设计的可视化系统命名为 IPS View,拟达到以下目的:

(1)将不同类型的节点布局在不同半径的圆环上,同时用符号进行标记,图像上可以直观区分节点类型,同时容纳更多节点。

(2)大数据环境下,可以通过可视化筛选,去除非关键节点,保留问题的主干。

(3)通过边捆绑技术,产生图形聚类,提高非专业人士的态势感知能力。可视化框架如图 5-7(a)所示。

假设辐状节点链接图表示为 $G(N,E)$,N 为结点的集合,E 为边的集合,结点由外向内分为 $\{N_1, N_2, \cdots, N_i, \cdots\}$ 共 $|N|$ 种类型,第 N_i 种类型由 $\{N_{i1}, N_{i2}, \cdots, N_{ij}\}$ 共 $|N_i|$ 个结点组成,$\vec{N}_{ij}$ 表示指向结点 N_{ij} 的上层结点 $\{N_{(i+1),1}, N_{(i+1),2}, \cdots, N_{(i+1),k}\}$,共 $|\vec{N}_{ij}|$ 个。$N_{ij}(r,\theta)$ 表示点 N_{ij} 的极坐标定位,r 表示极径,θ 表极角,如式(5-7)所示。

$$
\begin{aligned}
&r_{N_{ij}} = 0 && i = |N|, |N_i| = 1 \\
&r_{N_{ij}} = \frac{R*(|N|+1-i)}{|N|} && i = 1,2,\cdots,|N|-1 \text{或} i = |N|, |N_i| \neq 1 \\
&\theta_{N_{ij}} = \frac{2\pi * j}{|N_i|} \quad i = |N|, && j = 1,2,\cdots,|N_i| \\
&\theta_{\vec{N}_{ij}} = \theta_{N_{ij}} \pm \left\lceil \frac{k-1}{2} \right\rceil * \frac{2\pi}{|N_{i-1}|} && i < |N|, k = 1,2,\cdots,|\vec{N}_{ij}|
\end{aligned}
\tag{5-7}
$$

式(5-7)中解释了 $N_{ij}(r, \theta)$ 的布置方法,如果最内层结点(最后一种类型)的数量为 1,那么它占据圆心位置,否则它的半径按结点类型编号递减,i 表示层数,从外向内分别为 1, 2, $\cdots$, i, $i+1$, $\cdots$, $|N|$,R 表示最外层辐射圆环的半径,大小可根据显示面积决定。最内层结点的角度由节点数量平分 2π 弧度,其他层结点的位置由它所指向节点(它的下一层节点)的位置决定,它们均匀地分布在被指向节点的外环两侧,保证了聚类的需要。如果一个结点指向多个结点,那么它会聚类于指向次数最多的结点。同时,系统也提供了自定义节点位置功能,可以通过鼠标拖放实现。

在可视化框架上,首先考虑不同类型数据的层次区分,它们依次排列在以圆心为中心的辐射圆环上,这样既避免了不同类型的数据节点拥挤,同时又有效地减少了边连接时交叉的产生。不同的节点采用了不同色系,方便区分。其次,考虑到色弱者或纸制印刷品的需要,节点还采用了符号标记进行补充,部分符号标记方法如表 5-1 所示。

表 5-1　符号标记说明

符号	节点类型	说明
⬆	DestIP	目标 IP 地址
⬇	SrcIP	源 IP 地址
◉	DestPort	目标端口号
▣	SrcPort	源端口号
👤	Operation	对于连接的动作响应，包括 Built(建立)、TearDown(拆除)、Deny(拒绝)
⚠	MessageCode	警报编码

对于连接节点的边采用边捆绑技术，进入同一节点的边通过贝塞尔曲线进行汇聚，这样可进一步避免边的交叉，图像构成上也更为清晰。同时，有共同目标的节点会自动汇聚在一起，自然形成了聚类，如图 5-7(b)所示。该图显示了内部主机(172.X)根据业务需要，成群组地访问(汇聚于)外部服务器(10.X)的 80 端口，服务器对这些连接有时建立，有时拆除，整图看上去像只发光的眼睛(魔眼图)。

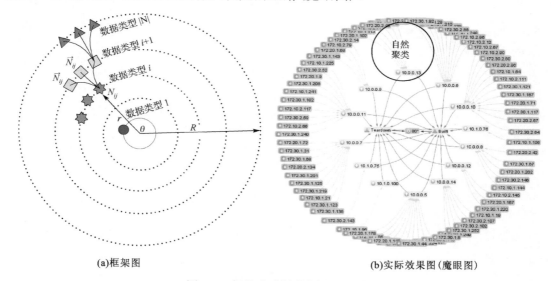

(a)框架图　　　　　　　　　　　　　　(b)实际效果图(魔眼图)

图 5-7　辐状节点链接图布局方式

5.3.3　可视化映射与筛选方法

使用同一数据源的不同维度可以产生不同的可视化映射结构，合理选择数据维度是可视化转化的关键。不同数据维度展示了实际场景的不同影响因素，设计者需要抽取出这些数据维度中的关键因素来为目的服务。

这里建议选择 3～4 个维度来设计：维度太多，不适合用辐状节点链接图表示，图像会变得拥挤闭塞；维度太少，则无法充分表示场景细节。同时，还应该合理改变节点次序，以便更加自然地形成图像聚集。建议把数据取值较少的维度放在圆心处，因为圆心处可用于显示的面积少，而把数据取值较多的维度置于圆的外辐射圈。表 5-2 给出了一些常用的网络安全数据用例，表中的数据映射模式从左到右的排列顺序对应转换为节点链接图中从外到内的布局。

表 5-2　网络安全用例的数据映射模式

序　号	用　例	数据映射模式	描　述
模式 1	主机服务用例	源 IP→目标 IP→动作→目标端口	主机开展了什么服务，允许还是拒绝访问
模式 2	客户访问用例	源 IP→源端口→目标 IP→动作	客户通过什么端口访问主机服务，成功与否
模式 3	端口扫描用例	源 IP→目标 IP→目标端口→动作	探索主机的不同端口，收集主机基本信息
模式 4	拒绝服务攻击用例	源 IP→目标 IP→动作→警报类型	外网机器攻击内部主机，内部主机丧失服务能力
模式 5	僵尸网络用例	源 IP→警报类型→目标 IP	子网中的机器被控制，用于攻击其他主机

作为视觉传达设计，如何使信息更加直观清晰，消除不确定性认识，是最重要的任务。可视化筛选的目的在于帮助用户定位目标，避免操作成本高且目的不明确的行为。通过对复杂图像的进一步挖掘，找出实质性的东西。当图像变得拥挤时，管理员可以有针对性地进行可视化筛选，如去除某些维度，如图 5-9(b) 所示；或者关注某些特定对象，如图 5-10(b)、图 5-11(b) 所示，以降低图像的密度，突出用例关注的重点。

5.3.4　入侵防御系统用例数据分析

本节引用的实验数据来自 IEEE Visualization Conference 2013 举办的信息可视化分析锦标赛实用数据集合。比赛数据提供了某跨国公司内部网络（主机和服务器 1100 台）约 1600 万条 IPS 日志。

（1）主机服务与客户访问

图 5-8(a) 采用了表 5-2 中的数据映射模式 1。从图中可以直观地发现，该时间窗口内主机服务打开的端口不多，有常规端口 80 和高位端口 3389、7080 等（紫色，符号标记为◉），主机建立和拆除的服务端口主要是 80（HTTP 服务），而拒绝的端口除了 80 外，还有很多高位端口，如 3389（Windows 远程登录）、7080（VMware 服务）等。这些重要服务的端口如果被黑客和恶意程序利用，将对内部服务器造成无法估量的破坏和损失。入侵防御系统拒绝了对这些端口的连接是对内部服务器安全保障的重要体现。

图 5-8(b) 采用了模式 2。图像形似眼睛，展示了内部客户成组访问外部服务器的用例，外部服务器有规律地建立和拆除连接，网络运行平稳正常。但可以发现一个奇怪的现象：辐状节点链接图由外往内第 2 圈，排列了大量的端口（蓝色，符号标记为▣），每台内部客户机都使用一个不同的端口对外网服务器进行访问，为什么如此有规律，难道被恶意用户控制了？答案是否定的，原来该公司内部采用了网络地址及端口转换方式共享互联网资源，这是一种将内部地址映射为外部合法地址的方法，既解决了外部地址的不足，又隔离了内外网络，使内部计算机更加安全和可靠。

（2）端口扫描

图 5-9(a) 采用了模式 3。图像显示 4 月 10 日 12:25 入侵防御系统阻止了大量针对某

些内部主机的有序连接，蓝色圈由目标端口构成（符号标记为 ⊙），外网主机对内部机器的大量端口进行了探查，如外部 10.13.77.49 对内部 172.10.0.2-9，外部 10.138.235.111 对内部 172.20.0.3-5 等，形成了蛙眼一样的形状。由于图中端口太多，密密麻麻地叠在一起，掩盖了其他细节，可以在数据映射模式中进行可视化筛选，去掉目标端口维度，得到图 5-9（b）。从图中可以清楚地发现，外网 10.13.77.49、10.6.6.7 和 10.138.235.111 对内部部分主机进行了端口扫描。

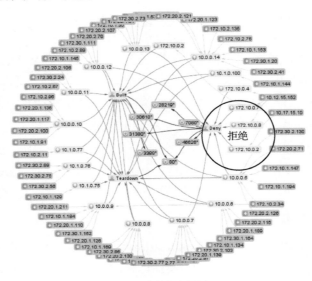

(a) 主机服务用例

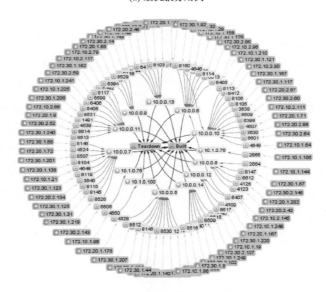

(b) 客户机访问用例（双瞳图）

图 5-8   主机服务与客户机访问图

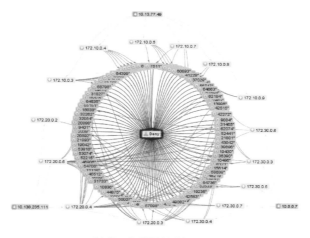

(a)端口扫描用例(蛙眼图)

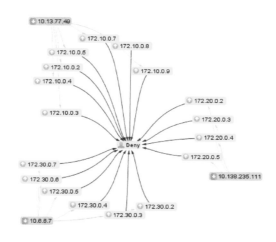

(b)可视化筛选(去除 DestPort 维度)

图 5-9　端口扫描图

(3)拒绝服务攻击

图 5-10(a)采用了模式 4。图像显示 4 月 11 日 11:55 入侵防御系统报出了 3 个警报信息 ASA-6-302013、ASA-6-302014 和 ASA-4-106023，其中 2 个 6 级和 1 个 4 级(警报分为 7 级，级数越小危险越大)。图中被拒绝连接报出的警报是 4 级，查资料 ASA-4-106023 表示 ACL 拒绝了对真实地址的访问，十分可疑，查询内部地址映射表，这些主机(172.20.0.2-5、172.10.0.2-9 和 172.30.0.2)对外提供了 Web、E-mail 和 DNS 等服务，是内部重要服务器，且都服务响应迟缓。对图像进行可视化筛选，只留下 ASA-4-106023 相关的数据，得到图 5-10(b)，很清楚地发现，10.12.15.152 和 10.6.6.7 对内网部分主机发动了 DoS 攻击。

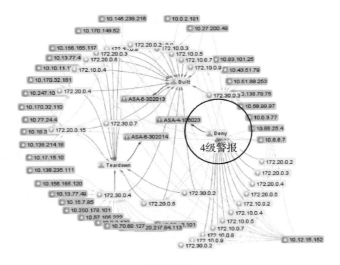

(a) 拒绝服务用例

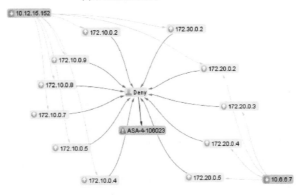

(b) 可视化筛选(关注Deny对象)

图 5-10 拒绝服务攻击图

(4) 僵尸网络

图 5-11(a)采用了模式 5。图像显示 4 月 12 日 08:24 入侵防御系统报出了大量警报信息 ASA-6-302013、ASA-6-302014，像两条倾泻的河水。这两个警报分别表示建立和拆除 TCP 连接，虽然等级为 6 级，危害较低，但是大量产生必有原因。可以发现，除了 1 个外网地址 10.0.3.77 外，绝大部分连接的双方只有一方产生警告，即入度或出度为 2。于是重新规划了该主机的位置，使其独立于圆环外，可以清楚地发现，该主机作为源主机和目标主机同时产生了警告，即入度和出度都为 2。分析这种情况的原因，应该为外部控制端对内部受控主机发送大量的控制会话小包，造成入侵防御系统不断大量地拆除和建立连接。对图像进行筛选，只留下与主机 10.0.3.77 相关的数据，如图 5-11(b)所示，就可以清楚地看到，控制端 10.0.3.77 控制了内网 16 台主机。

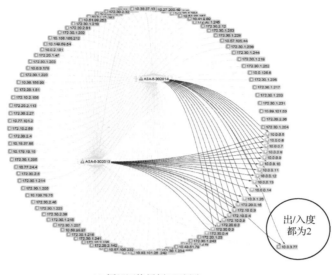

(a) 僵尸网络用例(双流图)

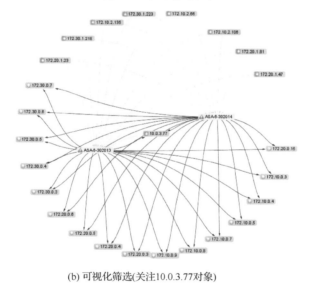

(b) 可视化筛选(关注10.0.3.77对象)

图 5-11　僵尸网络感染图

5.4　结果分析与评估

以 IDS View 与 IPS View 为主要可视化工具，分别对某高校 Snort 入侵检测系统和 Cisco 入侵防御系统网络安全数据进行了分析。这两个工具对网络异常、事件模式和事件关联的分析都非常有效，同时基于辐状图的可视化系统都善于展现数据之美，并且在辅助管理人员决策上起到了非常积极的作用。

IDS View 使用基于环的辐状图模式，无论汇聚环的周长有多长或者在环的内部空间有多大，都必须面对一个问题，即依赖于弧线来表示相关性的环图，如何避免由于节点和线的数量增长而最终导致的可扩展性问题。Holten 建议在圆中心附近"捆绑"一些类似的边，使边呈现为 B 样条曲线，这样更适合人眼的观察。不同于以上方法，IDS View 中使用多段拟合三次贝塞尔曲线，在主机端和警报端分别进行捆绑。同时，为了合理分配连线，在对高位端口和低位端口布局上采用了不同的映射算法，高位端口采用正态分布而低位端口采用平均分布算法。这样既不浪费环上的显示周长，又不会使线条在环内挤到一起。但是，基于环的辐状图有一个最大的不足，就是环内部空间没有被充分利用，仅仅用各种颜色的弧或线段连接表示节点之间的关系。如何合理利用这些空间展示数据是基于环的辐状图模式的短板。

IPS View 在辐状图的构成方式上继续探索，试图结合其他的图技术来弥补基于环的模式的不足。通过设计布局算法，将不同类型的节点分布在不同半径的圆环上，用符号进行标记，再使用贝塞尔曲线连接层与层之间的节点，合理利用环内的面积，使之容纳更多不同类型的数据。经过网络管理人员和普通用户的试用，一致认为：

(1)比传统节点链接图有更宽的数据维度表现能力和更好的层次控制能力，特别是数据维度较多时，用户可以直观地区别数据类型与流向。

(2)比辐状图有更好的空间利用能力，圆中心的面积得到了较好的利用。

(3)数据量大时，可以方便地对图形进行筛选和压缩，特别是针对 DoS 攻击。分析一些数据量剧增的场景时，可以去除干扰，降低图像密度，突显关注的对象。

(4)通过边捆绑技术，能够自然形成图像聚集，便于分析和感知态势。

同时，部分专业人士也提出了一些问题，如用图像布局形成聚类有较大局限性，结合其他的距离算法展示聚类更加有说服力；虽然相邻两层节点连线控制较好，但对于某些场景，还是存在边交错问题；通过合理设计节点表示方法能否用来展示更多的维度信息等。

在后续研究中，还要进一步加强图像的美观性和实用性，继续改进辐状图布局模式和聚合算法，扬长避短，进一步展现这一新颖可视化技术的活力。

5.5 小结

根据入侵检测与防御系统数据的特点，本章选择改进辐状图技术，有效展示数据，挖掘数据中隐含的信息。首先改进经典的环型辐状图，实现对入侵检测系统数据的实时监控，重点考虑用户接口与体验，采用颜色混合算法、多段拟合贝塞尔曲线算法、数据预处理及端口映射算法等，降低图像的闭塞性，提高可扩展性。接着，进一步改进辐状图设计，结合节点链接图和辐状图的优势，设计了一种新的可视化技术变形——辐状节点链接图。在大数据量的入侵防御系统日志分析中，该技术能够合理分布节点以区分不同维度的数据，利用可视化筛选来降低图像密度，改进布局模式以合理利用显示面积。通过对入侵数据进行检测，表明辐状图技术能够灵活地展示宽数据维度，跟踪数据流向，降低图像密度，突出攻击本质，辅助管理员快速取证和决策。

第6章

多源异构网络安全监测数据可视化融合技术研究

随着 IT 的发展，网络空间安全面临着愈来愈严峻的现实，互联网的高复杂性带来了安全的高风险性，"3V"已经不足以形容大数据的网络，IBM、Gartner、IDC 等主流平台进行了新的归纳，把原来的"3V"增加到"6V"，在 Volume/Variety/Velocity 的基础上又增加了 Value/Visualization/Veracity，即应用价值巨大，大数据对民生支柱、公司谋划、政策方向等都具有应用价值和支撑作用；表示形式可见，数据应该是看得见、感觉得到、理解得出；真实反应客观，大数据是物理世界的真实写照，反映客观世界最真实的一面，对其分析结果具有高度的实践性。

为了保证网络安全需求，技术人员开发出各种网络安全设备，如负载监控系统、防火墙系统、入侵防御系统和主机状态监控系统等。一方面，这些设备在运行过程中会产生大量的日志文件，需要不菲的人力、物力进行存储、传输和分析；另一方面，如何去伪存真是难题，海量日志存在大量漏报、误报和重复报的现象，到目前为止还不存在准确率为 100% 的网络安全系统。因为安全数据来自不同的传感器，所以格式、指标等各不相同，记录着各自应用领域发生的安全事件。如果割裂看待每种设备的安全事件，只能发现片面、零散的安全问题。如何在大数据时代有效管理和动态监控网络，从海量、异构、快速变化的网络安全日志中全面发现问题、感知网络态势是当今网络安全的重要研究课题。本章从数据融合的角度提出新的多源异构网络安全数据可视化技术解决方案，改善网络数据分析的现状。

6.1 数据融合技术现状

数据融合是态势感知的核心，数据融合模型更是基础中的基础。目前提出的数据融合模型很多，如 JDL 模型、Endsley 模型、瀑布模型、Dasarathy 模型、Omnibus 模型、知觉推理模型等[123]。

JDL 模型是数据融合中的杰出代表，由美国国防部 Steinberg 等人提出，系统地阐述了数据融合的概念。如图 6-1 所示，底层分析数据的属性和特征，可以简化、过滤和合并冗余数据；一层合并、关联和融合异构多源信息；二层对信息之间的关系进行分析以确定其意义，对状态身份进行评估；三层对风险进行评价和估计；四层动态监测融合过程；五层优化感知信息，方便理解和人机交互。其中第二层是纽带，从下层接收网络监控数据，为决策提供态势信息的支持[124]。

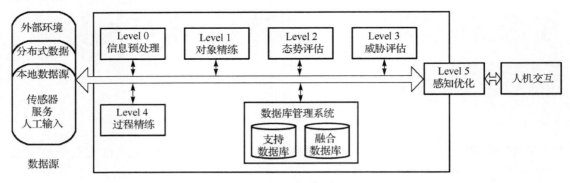

图 6-1　JDL 模型

继 JDL 模型之后，Endsley 模型日益受到关注。如图 6-2 所示，Endsley 模型属于层次化的分析方法，优势是将错综复杂的问题进行分解处理，由底层到顶层，先局部后整体，简化运行机制，实现高内聚低耦合的设计。模型分为态势提取、态势理解、态势预测三个层次。态势提取是基础，对构成网络安全诸多因素的提取、清洗和除错；态势理解是核心，对情境要素进行存储、传输、关联、分析和理解，是最复杂的一部分；态势预测是扩展，用历史数据和实时数据预测未来，起到预警作用[125]。

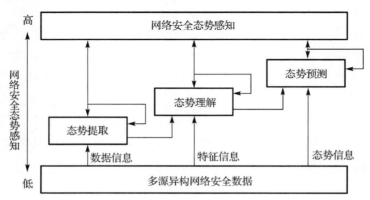

图 6-2　Endsley 模型

国内经过一段时间的沉寂和酝酿后，在异构数据融合与态势感知上也取得了一定的成果，例如，中科院的赖积保等采用"分布式获取，分域式处理"的思想融合和分析多源异构传感器的网络[126]；基于分层融合的思想，北京航空航天大学的刘靖等运用谓词逻辑研究行为特征和关联模式[127]；中国科技大学的韦勇和国防科学技术大学的马琳茹等研究了以证据理论为基础的数据融合方法[128,129]；中科院计算所的张永铮等提出了一种网络安全态势指数多维属性分类模型[130]；中南大学的周芳芳等提出了一种基于信息熵的态势评估方法[131]等。

相对于较为成熟的航天和军事领域，网络安全融合和态势感知研究还处于发展阶段，主要体现：使用层次结构系统模型，尽管简单直观、易于分析，但是无法展现网络元素错综复杂的关系，不利于挖掘多源异构数据内部潜在信息；无法整合主流的各种安全设施，全面实现对综合情况的评估和显现；大部分系统采取以数学模型、数据挖掘和机器学习为主的融合分析方法，割裂了数据、系统和人之间的有机联系，人作为认知的主体，很难或者很少参与决策的构成。如何结合人类认知能力强和机器自动化处理快的优势，洞察网络安全数据中隐含的态势信息是研究发展的一个方向。

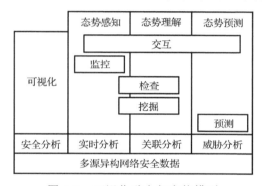

图 6-3 可视化融合与态势模型

随着技术的不断发展和安全市场的需要，网络安全可视化融合这一新兴领域在逐渐成为主流。Amico 等很早就提出了可视化融合态势分析模型[132]。数据可视化主要有五个作用:监控、检查、挖掘、预测和交动，它们与态势感知的三个阶段并不是一一对应的，必须通过迭代设计视觉接口来满足特定任务的需要，如图 6-3 所示。在可视化融合模型的基础上，新的研究像雨后春笋般出现，如 IDSRadar 融合了入侵检测系统和防火墙系统的安全数据，可以帮助分析人员从大量误报中鉴别出真正的异常模式，重点在于实时分析；Elvis 可以导入网络包信息、入侵检测系统、操作系统日志等安全数据，分析人员可以选择适合特征进行分析和发现关联，重点在于关联分析；Mansour Alsaleh 将入侵防御系统和网页服务器日志进行数据整合[133]；NOCturne、AnNetTe 和 SpringRain 融合了数据流、入侵防御系统和主机状态日志三种数据，采用了新奇的图形技术来展现安全状态，重心在于对威胁的分析。

由于网络安全可视化技术起步较晚，缺少成熟的设计理论与框架，很多的方法和技术还处于摸索阶段。由于网络体系结构变得越来越复杂，网络之间的依赖程度越来越大，现有系统的灵活性不够，同时可视化增加计算的额外开销，很难快速判断整个网络的状况。大部分现有网络安全可视融合系统只是用传统的图表来展示评估结果，没有重视监控、检查、挖掘、预测和交互全过程，使得可视分析结果大打折扣。数据融合不重视原始数据的甄选，通常只是随意挑选几种网络安全要素进行可视化，难免造成态势判断的片面性和主观性。

针对上述问题，本章研究设计了一个双视图协同分析的多源态势感知模型。首先从数据源分析入手，根据数据源本质不同的特点，在对数据源的甄选上提出了自己的建设性意见。然后，从数据级、特征级和决策级三个层面对选出的数据源进行融合，三个层面各有所长，相互补充。通过标记树图容纳多源数据细节，通过时序图展示各源特征变化趋势，最终通过人机交互，将人类智能与机器智能结合，感知网络态势。通过完整的实例分析，验证了融合模型的有效性，通过与其他方案的比较，讨论了该技术方案的优缺点和改进方向。

6.2　多源异构数据可视化融合设计与实现

6.2.1　多源异构数据集的选择与预处理

安全数据源是可视化融合与分析的基础，合理正确地选择数据源可以提高判断的准确性、全面性，降低判断的难度。然而，由于现代网络系统庞大而复杂，网络安全产品也十分丰富，运行过程中往往会产生海量的多源异构数据。在选取数据源时应考虑安全数据具有广泛代表性、信息丰富性、高可靠性、变化实时性以及低冗余性等特点。

本章研究采用的数据来自 VAST Challenge 2013，提供了某跨国公司内部网络 1100 余台主机和服务器的日志。异构安全数据集分为三类：主机状态、网络流和入侵防预系统。这三类数据传感器分别构建在主机、交换设备和出口设备端，时刻监控着整个网络不同对象的变化。主机状态体现资源子网对象的性能变化情况，网络流记录通信子网的流量变化细节[134, 135]，而入侵防御系统安全日志则守住进出口大门，检查及断开有害的连接[136, 137]。三者的结合，既有广泛的代表性和涵盖性，又能把握住各层次网络安全状态变化的实时趋势。如表 6-1 所示记录了所选数据源及其重要考察字段。

表 6-1　数据源选择

数　据　源	主要考察字段	位　　置
主机状态	ParsedDate/Hostname/Servicename/statusVal/Receivedfrom/diskUsagePercent/pageFileUsagePercent/numProcs/loadAveragePercent/physicalMemoryUsagePercent/connMade	主机(低层)
网络流	ParsedDate/ipLayerProtocol/SrcIP/DestIP/Port/DestPort/SrcTotalBytes/nDestTotalBytes/SrcPacketCount/DestPacketCount	交换设备(中层)
入侵防御系统	DateTime/priority/operation/messageCode/protocol/srcIp/destIp/srcPort/destPort/destServic/direction/flags	出口设备端(高层)

　　数据预处理是可视化的重要一步，尤其是面对大量、不同的网络安全设备收集的异构数据。数据预处理包含以下三个阶段：清理、集成和转换。为了消除和降低数据冗余度以及不同数据源的数据模式定义差异，首先，把来自各个领域的源数据表进行无效记录过滤，检查数据属性的缺失或无效性，删除无效记录，差值计算缺失值，对重复记录进行合并，离散化数值字段，对时间的精度和格式进行统一。其次，在数据集成这一环节中，将众多异构设备的数据通过物化式整合处理，将数据交换和存储到统一的物理位置。同时，从多源日志的安全事件中提取元数据，并将信息元的属性进行统一，降低数据量，提高计算效率。最后，将数据转换成一种适合信息挖掘的模式，通过指数变换、归一化等处理，使得构建的新属性能够更好地帮助用户理解数据的特点，满足可视化图形的需要，生成更加美观、合理的可视图形。

6.2.2　数据融合分层框架

　　高效快速融合算法的设计是大数据可视化飞速发展的关键。这就要运用多学科知识，进一步设计出完善的算法，将加工精练后的数据用于感知网络态势。信息融合的方法很多，例如，加权法、拜厄斯法、统计决策法、证据理论、模糊推理、神经网络，其中最具有代表性的是贝叶斯网络和证据推理。该系统主要针对主机状态、网络流和入侵防御系统数据的融合，根据这三种数据各自的特点，在设计融合方法上紧扣数据特点，突出数据特征，去除不确定性因素。

　　数据融合级别有：数据级、特征级和决策级。如图 6-4 所示，可视化融合框架形成了一个相对应的三层分析框架。

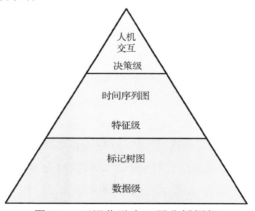

图 6-4　可视化融合三层分析框架

　　最下层采用数据级融合方式提供各数据源的观测数据，该层尽可能多地保持原始信息，提供上层所不具备的细微信息。但是数据级融合的缺点也很突出，绘制出来的图形受数据影响较大，当数据处于不完全、不确定或不稳定状态时，图像变化大。同时，数据量大时，也容易造成图像拥挤。

　　中间层采用特征级融合方式，通过选择合适的融合算法提取数据特征。对于主机状态采用加权平均法，对于网络流采用信息熵，对于入侵防御采用统计决策法。可观测数据的缩减会降低对绘制空间和通信带宽的需求，但有可能损失一些有用的细节信息，导致精度降低，这需要与下层互补。

最上层采用决策级融合方式，通过时间片选择、数据筛选、上/下钻等人机交互和人类认知模式实现智能决策，降低对单一数据源的依赖性，弱化不完整和错误数据带来的影响。

6.2.3 标记树图数据级融合方法

（1）树图算法与特征分析

数据融合要求尽可能保持原始信息。相对于面积较小的显示区域，数据级融合可能会出现空间不足导致难以表达的问题。为了实现数据级融合，需要对树图生成算法进行选择。本节中由于网络安全多源异构数量大、数据变化快、系统实时性要求高，因此，不适合选择复杂、处理时间长的算法。通过比较各种算法，最后选择，Squarified 算法，其有以下优点：

① 直接简单，有利于快速生成树图，保证可视化系统实时性需求，特别是对于海量的攻击数据，如 DDoS 攻击。

② 按照降序排列矩形，有利于突出全网或子网中代表性的对象，如被攻击对象、负载最重对象等。

③ 生成矩形长宽比接近 1，有利于标志符号的放入，能够提高图形的可读性和美观性。

④ 有利于运用指数函数对图形特征进行快速分析。

针对选择的三种代表性数据，可以使用树图表示网络流数据。树图中矩形的大小和色彩可以选择表示网络流中各种属性，如流数、流量、端口数、主机数等。网络流正常与否，取决于树图分布情况，当图像过于集中或过于分散时，网络中出现异常事件概率非常大。矩形的大小表示流数，矩形的颜色表示流量。如图 6-5（a）所示为网络流正常时的图像，如图 6-5（b）、图 6-5（c）所示为网络异常时的图像。

假设 λ 是指数分布函数的率参数。当 $\lambda \geqslant 0.3$ 时，图 6-5（b）为少数几台主机遭受海量网络流攻击，符合拒绝服务攻击特征；当 $0.1 \leqslant \lambda < 0.3$ 时，图 6-5（a）为目标网络中存在服务器和用户机，服务器负载量较大，数据流量大负载重；当 $\lambda < 0.1$ 时，图 6-5（c）为目标网络中的主机遭受到较为均匀的网络流扫描，符合端口扫描特征。

根据实验数据，可以进一步绘制网络流数概率密度分布图。如图 6-6（a）所示为实际网络流数概率密度图，与指数分布概率密度如图 6-6（b）所示拟合度较高，为从树图分布上排查问题提供了理论依据。

（2）树图与标志符号互补

可视化数据级融合采用树图和标志符号相结合展示数据细节。树图是容器，适合观察海量的层次数据集，优点是可以避免显示空间拥挤的问题，用于展示网络流[138~140]。符号标志是组件，可以象征性或陈述性表示数据集的一个或多个变量[71]，优点是小巧灵活，放置方便，嵌入树图中可以弥补树图结构显示维度不足的缺点，用于展示主机状态和入侵防御系统数据。两者互补可以极大地扩展图形表示数据维的广度。

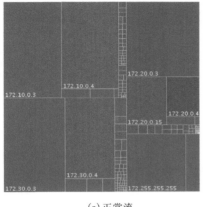 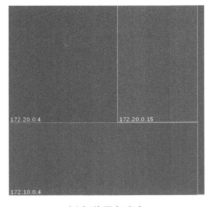

(a)正常流　　　　　　　　　　(b)拒绝服务攻击

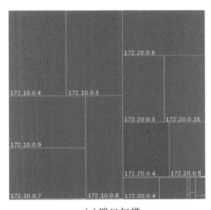

(c)端口扫描

图 6-5　网络流树图特征

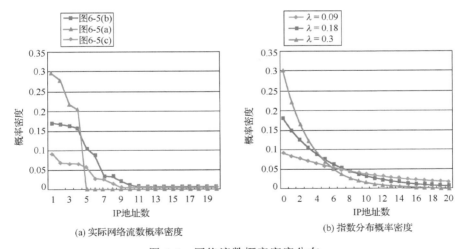

(a)实际网络流数概率密度　　　　　(b)指数分布概率密度

图 6-6　网络流数概率密度分布

在树图矩形空间中，以标志符号的形式放置内存、CPU、硬盘、页面文件、网络连接等主机状态和 IPS 警报类型及数量信息，如表 6-2 所示。

表 6-2　符号标记说明

符　号	节点类型	说　明
	内存占用率 CPU 使用率	下角的标志表示健康程度，绿色"+"表示正常，黄色"！"表示警示，红色"-"表示问题，蓝色"？"表示没有收到状态信息
	硬盘占用率	
	页面文件	
	网络连接	
	入侵警报	盾牌颜色表示警告的严重程度，绿色表示无危害或轻危害，黄色表示中等危害，红色表示严重危害。盾牌右侧的指示条分 5 档表示警报的数量

　　将树图与符号的互补称为标记树图。通过树图与标志符号的配合，既可以利用树图突出重点对象又可以使用标志符号弥补树图表达数据维度有限的弊端。当组件中出现大量的黄色或红色图标时，管理员就应该高度关注了。

　　如图 6-7（a）所示，大量的红色或黄色的磁盘警报表明病毒大量复制自身，导致磁盘空间快速下降。如图 6-7（b）所示出现许多黄色的连接错误，表明网络连接不顺滑，应考虑是否存在 ARP 类病毒或资源消耗类的网络攻击。如图 6-7（c）所示出现了大量黄色盾牌且数量级较大，入侵防御系统拒绝了大量从外部访问内部网络的连接，表示内网中的这些主机正遭受外部攻击。

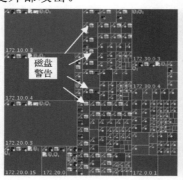

(a) 磁盘警告

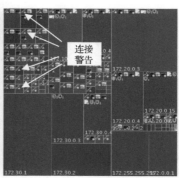

(b) 连接警告

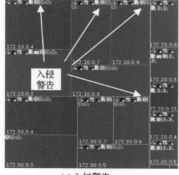

(c) 入侵警告

图 6-7　数据级融合的标记树图

6.2.4 时间序列图特征级的融合方法

（1）特征处理算法

特征级融合需要从各网络安全数据源中抽出互补特征维度，并按照时间发展顺序进行关联[141]。标记树图虽然能够表示网络在某一时刻的空间分布详细状态，但是由于表示信息量较大，无法一目了然呈现结果，更加无法展示时间尺度上的网络变化趋势。为了弥补标记树图把握趋势不足的弊端，需要对各来源的安全数据进行态势分析，而时间序列图能直观地反映数据在各维度上的变化趋势，在解释数据、检查主要成因和预测未来趋势中扮演着重要的角色[142,143]。

本研究采用时间序列图融合各数据源特征，特征融合方法如表 6-3 所示。不同来源的安全数据具有不同的属性和特征，因此，合理选择特征融合的方法至关重要。网络流数据能够真实地记录宽口径、多方位的负载信息，能发现网络异常、跟踪可疑连接等，具有随机变化快、信息容量大、内容可塑性强等特点。能够剔除冗余、消除不确定因素，可以增减随机事件的肯定性和有序性。在网络流特征的获取上，使用信息熵来考察某个特征在一个时间窗口内的变化，用熵交叉算法考察两个不同的观测点上所有网络流特征的差异。

表 6-3 特征融合方法

序 号	来 源	特 征 名	颜 色	特征融合方法
1	网络流	源地址（SrcIP）	红色	信息熵
		目标地址（DestIP）	暗红色	
		源端口（SrcPort）	绿色	
		目标端口（DestPort）	鲜绿色	
		源流每包字节数（SrcBpp）	蓝色	
		目标流每包字节数（DestBpp）	浅蓝色	
2	主机状态	主机状态值（HostStatus）	亮紫色	加权平均法
3	入侵检测系统	被拒连接数（IPSDeny）	深紫色	统计决策法

在判断网络流是否为正常的算法上进行改进后，熵交叉算法不再只是针对当前观测点与正常观测点的差异，还引入了当前观测点与上个观测点的差异。L 表示熵交叉算法，Normal 为正常时段的信息熵，Current 为当前时间段的信息熵，Previous 为上个时间段的信息熵，Threshold 为基础阈值（可根据实际情况进行调整），则异常状态可如式（6-1）所示。

$$\left| \beta L_{0.5}(\text{Current},\text{Normal}) + (1-\beta)L_{0.5}(\text{Current},\text{Previous}) \right| > \text{Threshold} \tag{6-1}$$

其中，β 是熵交叉算法的关注系数。一些短期的简单攻击可以很明显地从 $L_{0.5}(\text{Current},\text{Normal})$ 发现异常；而现代攻击更加注重系统化、多样化甚至长期化的攻击，$L_{0.5}(\text{Current},\text{Previous})$ 更加容易发现连续的变化，β 取值可根据实际情况进行微调。

主机状态日志是计算机主机系统运行轨迹的真实写照，主机的状态通过内存、CPU、硬盘、页面文件、网络连接等指标共同考察。主机正常的标志是各指标处于一个合理的范围内，超出该范围，可能代表着主机出现异常，例如，主机服务繁重会导致 CPU 负载和内存占用率显著提高，但一般不会导致系统瘫痪；而 DoS 攻击会造成该主机网络连接中断、内存和 CPU 使用量剧增；端口扫描一般对被扫描主机影响极小，而病毒感染会造成 CPU 进程量增加、硬盘空间增加等。这里采用加权平均法来获取主机状态特征，定义如式(6-2)所示：

$$\text{HostStatus} = \sum \text{Weight}_i \times \text{Service}_i \qquad (6\text{-}2)$$

其中，Service_i 表示主机状态的第 i 个指标，Weight_i 表示该指标的加权系数，加权系数越大，该指标越能决定主机特征值。加权平均法是一种最简单和直观的方法，能够很有效地计算出主机健康特征值，但是调整和设定权值的工作量很大，而且具有一定的主观性。

入侵防御系统作为监控数据传输的一种手段，能够即时中止和阻断一些不法作为。入侵防御系统有两个重要的工作：一个是检测、另一个是防御阻断。阻断连接分为很多种情况，如禁止访问主机的真实地址、禁止某个特征代码的执行、丢弃没有关联的 TCP 包等，警告级别有高中低的分别，但不管怎样，过多的连接被阻止或拆除往往是网络异常的表现。对于 IPSDeny 指标，采用统计决策法对某个时间窗口内的数据进行汇总。

(2)时间序列特征分析

网络发生异常时，时间序列某些维度特征会发生较大变化，把握住这些变化就能从宏观层面发现问题。如表 6-4 所示"↓"表示下降，"↑"表示增加，"—"表示变化不明显。

表 6-4 时间序列特征

攻击类型	SrcIP红	DestIP暗红	SrcPort绿	DestPort鲜绿	SrcBpp蓝	DestBpp淡蓝	HostStatus紫	IPSDeny亮紫
单目标主机多端口扫描	↓	↓	↓	↑	↓	↓	—	↑
多目标主机少端口扫描	↓	↑	↓	↓	↓	↓	—	↑
多目标主机多端口扫描	↓	↑	↓	↑	↓	↓	—	↑
单源拒绝服务攻击	↓	↓	↑	↓	↑	↓	↑	↑
伪造源地址拒绝服务攻击	↑	↓	↑	↓	↓	↓	↑	↑
分布式拒绝服务攻击	↑	↓	↑	↓	↓	↓	↑	↑
正常状态	—	—	—	—	—	—	—	—

对于表 6-4 中的变化，进行简要的分析说明。例如，当恶意软件或黑客扫描同一端口的整个网络主机(多目标主机少端口扫描)时，窗口周期内的源网络地址会相对集中到黑客主机上，目的主机上会出现大量相似的被扫描端口，目标网络地址因为有序扫描所有主机会变得很宽。则 SrcIP 信息熵会下降，DestPort 信息熵会很小，而 DestIP 信息熵会变大，端口扫描对主机状态影响不大，HostStatus 会较平稳，而 IPSDeny 由于阻止扫描而增大。当出现单源拒绝服务攻击时，源主机的大量端口会产生海量发往目的主机攻击连接包，这样势必会造成 SrcPort 信息熵很大而 DestIP 信息熵和 DestPort 信息熵减低

的现象，HostStatus 会由于主机被攻击后状态恶化而升高，IPSDeny 也会主动阻止攻击而升高。当网络流正常时，所有的信息熵值变化较为平缓。

6.2.5 人机交互决策级的融合方法

可视化系统除了视觉呈现要素外，还有一个核心要素就是用户交互。交互通过用户与系统之间的对话，用互动的方式来操作和理解数据，引入了人类的主观能动性，弥补了传统方式人与机器之间的鸿沟。特别是当数据量大、结构复杂、宏观察觉困难时，通过对数据在人脑中建立的心智模型不断地变化和改进，可以有效缓解显示空间与大数据之间的矛盾，让用户更好地参与数据的理解和分析。本节中多源可视化提供的交互功能主要有：选择、编码、过滤、上/下钻取、关联等。如表 6-5 所示说明了在本系统中提供的交互和配置功能。

表 6-5　交互功能表

人机交互功能	具体功能说明
时间选择	时间线窗口选择、树图时间窗口选择、时序间隔选择(默认提供 5 分钟、30 分钟和 60 分钟，也可以自定义)
数据选择	生成树图数据维度的选择、时间序列图数据维度的选择
视觉编码	改变树图的颜色配色、改变标志符号、改变时间序列图曲线颜色
数据过滤	选择单个数据点查看，同时间多数据点查看，去除某些指标等
图像变形	树图的生成算法、曲线的生成算法
上/下钻取	树图的概览和细节
关联分析	树图和时间序列图多视图关联

① 通过时间选择，在整体态势和重点关注时间段之间进行切换，方便态势感知和具体威胁分析。

② 通过数据选择，避免大数据在视图上叠加产生视觉混乱，使用户标记感兴趣的数据以方便跟踪变化。

③ 通过视觉编码，交互改变视觉元素，以用户最直观、最喜闻乐见的形式展示源数据。

④ 通过数据过滤，以人机互动方式获取结果，将视觉编码和人机互动协作统一，以达到对条件的实时响应和用户快速决策的需要。

⑤ 通过图像变形，对可视化结构进行变化，以方便人眼获得图像特征，达到应用不同局部细节尺度的效果。

⑥ 通过上/下钻取，以导航的方式提供整体和细节的信息，致力于显示用户兴趣焦点的细节，同时体现焦点和周边的关系。

⑦ 通过关联分析，使分析人员可以选择同一数据在不同角度和不同显示方式下进行观察，通过联动和刷新，集成各种技术的优势关联结果。

由于文字无法准确表达人机交互能力，因此，对系统的交互能力实验演示进行了视频录制，演示地址为 http://www.bjxy.net.cn/interaction/。

6.3　融合实验与数据分析

通过在特征级融合时间序列图上分析网络安全态势，匹配图像特征，找出网络异常时间窗口。然后，在数据级标记树图上进一步分析网络空间特征，确认网络状态，甄别攻击模式，去除误报。在这些过程中，人始终处于主导地位，通过人机交互，利用人脑与计算机优势互补，发现特殊的图像特征并形成决策。

6.3.1　正常状态分析

选取时间窗口 2013 年 4 月 11 日 2:00 作为分析对象，时间序列图在较长的时间内都保持着平稳的变化，初步判断网络正常。

分析人员针对各主机采用了不同的着色方式，即子网内部比较和全网比较着色。如图 6-8(a)所示，分析人员可以很明显地看出，网络中流数较大的主机占据每个子网中明显较大的矩形区域，其他流数小的主机围绕在大的矩形区域的右方或下方。在这些大的矩形区域中有 3 块呈现深红色，分别是 172.10.0.4、172.20.0.15、172.30.0.4。它们是每个子网中负载最重、流量最大的服务器。如图 6-8(b)所示，分析人员可以观察到 172.10.0.4 显示为深红色，是全网负载最重的主机。观察树图内的标志符号，绝大多数标志呈现绿色，表示主机状态正常，只有 172.10.0.4 报出一个硬盘警告，这也与这台主机负载过重有关联。分析员通过对树图的分析，能够进一步确认当前网络状态正常。

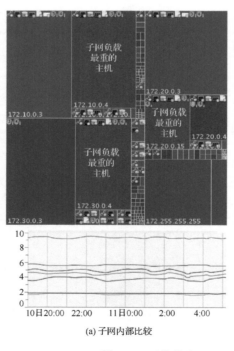

(a) 子网内部比较

图 6-8　正常状态

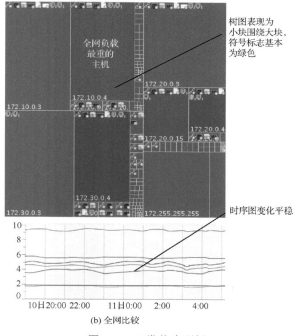

图 6-8　正常状态(续)

6.3.2　异常状态分析

如图 6-9(a)所示，分析人员选取时间窗口 4 月 1 日晚上 23:00 作为分析对象，时间序列图纵坐标标记为红色，熵交叉超过阈值，表示企业网络内部出现异常。图像特征为鲜绿色的 DestPort 曲线高高扬起，暗红色的 DestIP 曲线变化不大，表示探查目标端口很广但目标主机不太多。通过查表 6-4，确定攻击类型应为多目标主机多端口扫描。分析人员通过进一步观察分析树图，发现矩形块分布均匀，较大且呈现紫色，表示主机流数多且流量低。树图内的标志符号多为绿色，表示扫描并未影响主机性能，符合端口扫描的特征。分析人员建议：扫描对象主要集中在 172.10/16 子网，应该引起管理员高度重视。

如图 6-9(b)所示，分析人员选取时间窗口 4 月 12 日上午 11:00 作为分析对象，时间序列图纵坐标标记为红色，图像特征表示为鲜绿色的 DestPort 曲线沉到了最底端，表示外部主机都连接到内部主机相同的端口上，亮紫线条出现一个至高点，表示大量的连接被禁止。通过查表 6-4，确定攻击类型应该为多目标主机少端口扫描。分析人员通过进一步观察分析树图发现，图像分布与图 6-9(a)所示类似，矩形出现了大量的黄色警告盾牌，攻击对象几乎涵盖了 172.10/16、172.20/16、172.30/16 子网的主要服务器。

如图 6-10(a)所示，分析人员选取时间窗口 4 月 3 日上午 9:00 作为分析对象，绿色的 SrcPort 曲线突然快速出现一个高峰，表示攻击端口很多，红色的 SrcIP 曲线持续下降，表示攻击的主力在集中，其他曲线都呈现低谷，表示攻击方向和内容非常一致。通过查表 6-4，确定时间序列特征符合分布式拒绝服务攻击。分析员进一步观察树图，发现三大块矩形区域几乎占据了整个空间，同时 172.20.0.4 和 172.30.0.4 呈深红色，表示这两台主机正遭受大量数据的攻击。分析员运用数据选择策略，用鼠标选择 172.30.0.4 方块，提示框显示主机遭受了 20 个源地址，62517 个源端口，2 个目标端口，295 657 766 字节流量的攻击，同样的情况也发生在 172.20.0.4 上。这两台主机方块上没有任何符号标志，表示两台主机的资源已被耗尽，无法发送主机状态信息。

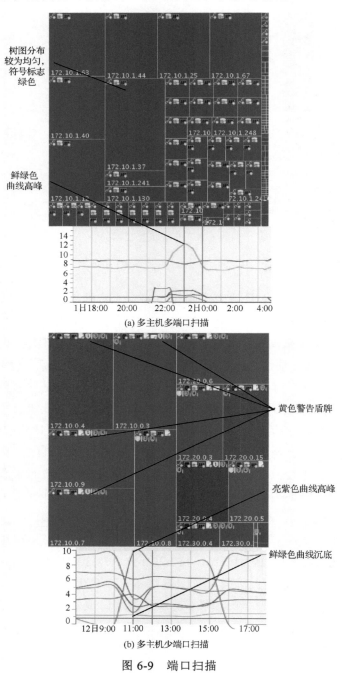

图 6-9　端口扫描

继续进行关联分析，如图 6-10(b) 所示，分析人员选取时间窗口 4 月 3 日上午 12:00 作为分析对象，时间序列图纵坐标标记为红色，红色的 SrcIP 曲线降到了谷底，表示攻击主机已确定下来，符合单源拒绝服务攻击特征。经观察发现，树图上仅留下一个大块红色区域，目的主机为 172.20.0.15，同样没有获得任何主机状态信息。

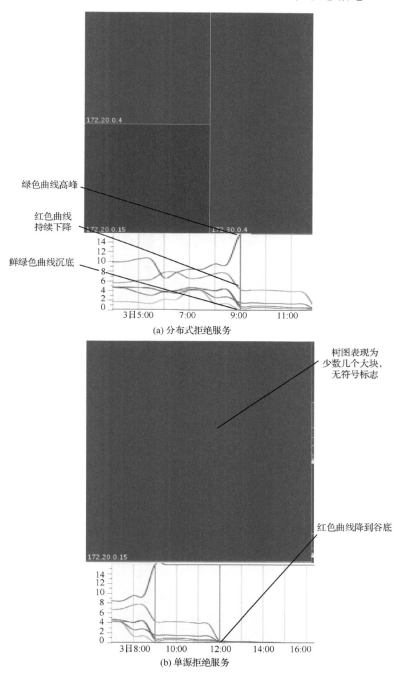

(a) 分布式拒绝服务

(b) 单源拒绝服务

图 6-10　拒绝服务攻击

　　如图 6-11 所示，分析人员选取时间窗口 4 月 11 日上午 6:00—7:00 作为分析对象，所有的曲线都呈上升趋势或高位水平，网络活动频繁，分析员通过查看树图，发现大量标志符号出现红色的"−"号和黄色的"！"号，问题主要出现在内存、硬盘和网络连接上，网络内主机正在感染木马/病毒。

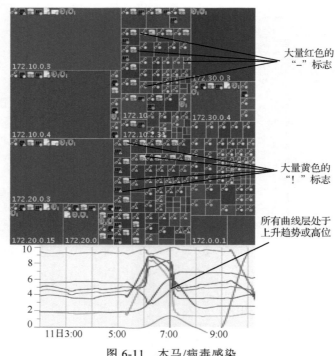

图 6-11　木马/病毒感染

6.3.3　特殊状态分析

　　如图 6-12 所示，分析人员选取时间窗口 4 月 15 日凌晨 0:00 作为分析对象，时间序列图纵坐标标记为红色，指示该时间窗口不正常。仔细观察，不同于以往图像特征，所有的曲线都呈下降趋势。分析员进一步观察树图发现，两个矩形大块占据了树图主要部分，疑似受 DoS 攻击。但是仔细观察树图又发现，两个矩形为 172.255.255.255 和 172.0.0.1 都是保留地址，颜色不是红色而是紫色，部分主机出现网络中断符号标记。经调查发现，原因为管理员进行网络维护。时序图曲线的下降不是表示攻击的集中，而是表示网络活动趋于停滞，该处警报确定为误报。

　　如图 6-13 所示，大量的紫色方块较为均匀地分布在树图上，下钻至 172.10/16 子网，发现紫色方块几乎涵盖了该子网中所有的主机，图像特征疑是端口扫描。分析人员通过调查，发现内部计算机都和主机 172.10.0.6 进行了通信，原因是网络中安装有网络健康监视程序 Big Brother，主机 172.10.0.6 为该监控程序的网络代理，负责收集网络中其他主机的健康信息。分布均匀的方块正是收集信息的表现，该处警报确定为误报。

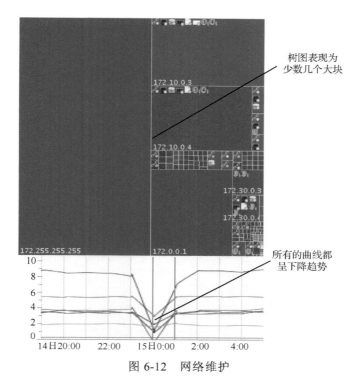

图 6-12 网络维护

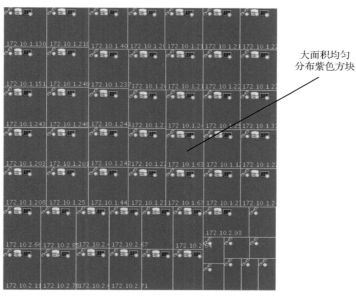

图 6-13 主机状态获取

6.4 结果分析与评估

　　为了对该可视化融合方法的实用性和有效性进行评估，通过与 VAST 2013

Challenge[144]获奖作品进行比较分析，得出了该方法在分析多源异构数据上的优势与不足，如表 6-6 所示。

表 6-6　VAST 2013 Challenge 获奖作品比较

作 者 （奖 项）	可视化技术	比 较 分 析
Zhao Ying 等（Outstanding Comprehensive Solution）	用堆叠流图统计分析网络流；用雷达图展示入侵攻击目标和数据流向；用矩阵图分析端口使用情况，如图 6-14(a) 所示	使用的可视化技术较多，综合分析很全面，网络问题都分散在各个图上，虽然可以进行关联分析，但是融合分析不够
Chen Siming 等（Outstanding Situation Awareness）	用辐状图表示攻击目标与方向；用时间序列图提取各数据源的特征；用平行坐标融合多源网络安全数据，如图 6-14(b) 所示	态势感知能力很强，能够直观地发现问题，但辐状图在受到大量攻击时容易混淆攻击对象和目标，时间序列组纵向罗列，不利于比较分析
Fabian Fischer 等（Intriguing Visualization）	用堆叠流图观察数据的整体分布；用树图分析网络流的分布特征；用节点链接图显示网络攻击的路径，如图 6-14(c) 所示	主要适用于大屏幕显示，图像新颖有趣，但数据处理相对粗糙，识别异常事件的能力较弱

通过比较，本系统的主要优势体现在：

①相对于获奖作品，本系统通过数据级和特征级融合将网络特征集成在较少的两张图中，使可视化分析更加统一、方便和准确，配合人机交互，可以快速准确地做出联机决策。

② 相对于其他上线运行平台，如 IDSRadar、HoNe、NFlowVis、PortVis、BGPlay 等，只专注于一个或少数类型的数据源，发现问题是有限，无法全面理解整个网络的安全态势。本解决方案从安全门户、网络线路、终端主机三个层面收集数据，因此具有广泛代表性和互补性，形成了一个比较完整的多源分析系统。

③ 通过三层模型展示细节，去除数据的不确定性并引入人类智能，使得分析更快速和全面。数据级采用树图容纳海量的异构数据，避免管理大型或超级大型网络时显示空间不足、图像闭塞等问题。特征级融合选择了信息熵、加权平均法、统计决策法来提取特征，使得攻击模式分析更加直接有效。加强了人机交互能力，将机器智能和人类智能完美结合，人类主导地位进一步加强，为管理者决策提供了有力的保证。

本系统的不足主要表现在五个方面：

① 执行效率有待提升。系统的融合分析取决于大量的聚合预处理，如大量的数据访问和耗时的特征提取算法。有些网络管理员抱怨在遇到日志爆炸的情况，如受到 DDoS 网络攻击和病毒感染时，系统反应迟缓和交互性差。在未来的工作中，将使用分布式框架处理数据以提高对大规模数据的实时分析能力。

② 可用性不够。一些隐形攻击无法被识别。如当一个恶意软件驻留在主机内存，并通过 HTTP 协议与远程服务器进行通信，将恶意代码隐藏正常流量中传播，可能就无法检测到异常。一些网络管理员建议系统应该提供任意选择数据源和原始数据的浏览和编辑能力。

③ 重点关注多源信息融合，态势感知和理解处理较好，但是态势预测能力基本上没有体现，这是下一步努力的重点方向。

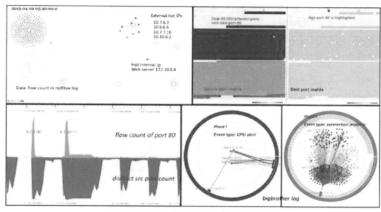

（a）Zhao Ying 等

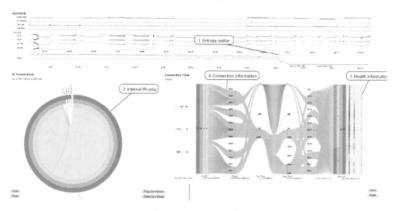

（b）Chen Siming 等

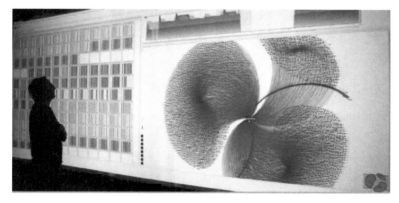

（c）Fabian Fischer 等

图 6-14 VAST 2013 Challenge 获奖作品截图

④ 有些图像特征迷惑性较强，有些甚至会误导人类思维，人类作为攻击和防御的双方，更能理解对方的行为，人类智能介入可视化分析必不可少。

⑤ 为了进一步提升图像表现能力，在未来，将尝试使用 3D 技术为更多维度数据提供接口，使融合分析更直观和有效。

6.5　小结

　　由于传统单源的可视化分系统可扩展性较差，支持大数据能力偏弱，数据协同分析和态势感知能力不足，无法满足日益增加和变化的安全数据分析的需要，本节提出了使用可视化方法融合多源安全数据来把握网络态势。首先，对数据来源进行分类和收集，建议选择的数据集应该具有广泛的代表性和细节互补性，最好能从网络架构的上/中/下三层选择有代表性的数据集。然后，引入树图和符号标志进行数据级融合，从微观上挖掘网络安全细节。引入时间序列图进行特征级融合，从宏观展示网络运行趋势。最后，通过人机交互，系统地归纳图像特征，直观分析攻击模式。通过实验分析，结果表明该方法在帮助网络分析人员感知网络安全态势、识别异常、发现攻击模式、去除误报重报等方面具有较大的优势。

第7章

网络安全监测数据可视分析关键技术总结与展望

随着计算机网络通信技术的进步，飞速发展的网络应用对网络安全提出了很高的要求。一直以来，各种网络监控设备采集的大量日志数据是网络安全分析人员掌握网络状态和识别网络入侵的主要信息来源。网络安全可视化作为新兴的交叉研究领域，为传统的网络安全数据分析方法注入了新的活力，它通过提供交互式分析工具，建立人与数据之间的图像通信，借助人的视觉处理能力，进一步提高分析人员的感知、分析和理解网络安全问题的能力。

1. 总结

以现代国内/外网络安全现状为研究背景和动机，以网络安全监控数据为研究对象，以可视化分析技术为研究手段，按照从简单到复杂、从单一到整体、从常规图到新颖图的思路，从主机状态数据、网络流量特征、入侵检测与防御数据和多源异构网络安全数据融合分析四个方面，深入开展了网络安全威胁可视化的相关技术研究。

(1)提出了基于热图的主机健康状态可视化检测分析方法

热图是目前最流行的可视化图形，采用颜色的变化、点的疏密以及对象的比例揭示数据中的关联模式。显示的关键是如何提取数据特征映射到颜色序列，并且使用排序算法使得热图更容易进行聚类分析。首先设计数据模型提取主机各指标(网络连接状态、CPU 负载情况、磁盘使用率、内存占用率、页面文件使用率)的特征；然后将这些特征通过加权算法合成主机健康值，并映射到热图中；最后通过 TOPN 排序聚类显示主机，并在时间线上形成主机健康状态变迁故事，快速发现主机异常并分析问题成因。通过实验，说明该方法可以帮助分析人员直观、全面地发现时间发展中的问题以及趋势信息，进一步提高了分析人员洞察主机异常的能力。

（2）提出了基于树图和信息熵时序图的网络流特征可视化分析算法

树图是分层数据可视化的主要方法之一，善用空间来容纳海量的网络流数据。信息熵算法是表示既定信息或事件发生的概率，目的是去除网络流中不确定因素。树图和信息熵时序的结合为容纳海量的数据并提取数据特征提供了有力保证。首先通过比较树图算法，选择在效率上快速生成和在图形上容易体现特征的 Squarified 算法，在树图中寻找空间分布的流特征；然后，设计出符合需求的信息熵算法去除网络流中不确定因素，通过设计构建多维熵值时间序列图，寻找网络流时间变换特征。通过实验，证明该技术方案可以帮助分析人员直观理解空间和时间的流特征，利用信息熵值去除随机性，明确网络活动分布特征，定位网络异常的时间，并且快速有效地寻找其他类似特征。

（3）改进了基于辐状图的入侵检测与入侵防御可视化分析方法

辐状图属于新颖图，它有着良好的审美情趣、紧凑的布局以及易于理解的用户接受力，使进一步分析研究对象成为一种享受而不是枯燥的数据折磨。辐状图处于不断发展的过程，如何进行图布局，提高美观性和实用性是研究重点。本书提出两个改进的辐状图技术方案，分别针对入侵检测和入侵防御系统数据进行可视化分析。首先，设计出辐状汇聚图，重点考虑用户接口与体验、颜色的混合算法、曲线的汇聚算法、端口映射算法等，降低图像的闭塞性和提高可扩展性。然后，进一步改进了辐状图设计方案，结合节点链接图和辐射图的优势，设计出一种新的可视化技术变形——辐状节点链接图。该图能合理分布节点以区分不同维度的数据，利用可视化筛选降低图像密度，改进布局算法合理利用显示面积以及产生图形的聚类。通过对入侵检测与防御系统日志的实测分析发现，辐状改进图能够方便地展示宽数据维度，跟踪数据流向，降低图像密度，突出攻击本质，辅助管理员快速取证和决策。

（4）提出了一种多源异构网络安全数据可视化融合分析技术

进入大数据时代以来，网络攻击呈现出大数据的"3 V"甚至"多 V"特征，但是由于缺乏成熟的设计理论和指导方法，如何综合分析各种安全监测数据，探索网络安全态势还有很大的研究空间。本书以数据融合为核心、态势感知参考模型为基础，研究设计了一个三层的融合感知可视分析技术解决方案，该方案包括了低层基于数据级融合的标记树图低层模块，用于提供上层所不具备的细节；中层基于特征级融合的时序图，用于去除各数据源中的不完全、不确定或不稳定状态，对特征进行校对、识别和相关分析；高层基于人机交互的决策级融合高层模块，通过人类智能和机器智能的结合，系统地归纳图像特征，对网络状态和实施措置进行决策。通过与其他的可视化融合技术进行比较，分析了该技术方案的优/缺点和改进思路。可视化的融合分析技术还处于不断的发展过程中，本书提出的概念、设计和实例分析希望能为其他领域的多源感知研究提供经验与帮助。

2. 展望

现代网络管理员面临的安全挑战更加复杂和困难，虽然网络安全监测数据可视化有效地结合了安全分析和可视化技术，充分利用人类对图像认知能力强和机器对数据处理性能高的特点，能够通过提供图形、图像等交互性工具，提高管理人员对网络问题的观测、剖析、感知、掌握和决策能力。但是，如何将可视化理念传递给观测者(以人为本)和有效地创建可视化原理及技术(以图为媒)仍然是研究的本质方向：

(1)如何实时处理大数据并发现知识

在大数据时代，具备处理海量复杂数据的可扩展性始终是可视化分析系统关注的中心议题，由于计算能力受到有限的时间和空间的制约，如何面向大数据进行数据清洗、转换，提高处理效率和速度仍然有许多发展空间。特别是网络瞬息万变，实时可视化对采集和预处理日志、图形绘制速度和人机交互响应提出了更高的要求。因此，应该以大数据存储、传输、治理为研究基础，针对网络安全大数据研究设计一体化收集、存储、整合数据平台。同时，在发现知识感知网络态势，涉及态势的提取、理解和预测等方面，对正确合理的数据融合算法和关联算法、高速度/高效率的并行计算和异步计算算法、基于因果关系和模式识别的预测算法仍需进一步的分析和验证。

(2)如何提高感知和认知能力

人类的记忆容量、判断力、注意力和警觉性都是宝贵而有限的资源。尽管可视化可以充分利用人类视觉的认知能力，但人类大脑对事物的记忆终究是短暂有限的，迅速变换的画面场景并不适合人类记忆的搜索，同时，人类前几分钟的警觉性要远超于以后的时间段，因此执行视觉搜索只能维持数分钟。因此，设计出新颖、易于感知、以人为中心的探索式可视化分析系统尤为重要。在设计网络安全日志可视化分析系统时，应充分考虑人类行为，如人机交互习惯、认知心理学等问题，搭配文字、色彩、大小、形状、纹理、对比度、透明度、位置、方向等多元素，以提高人眼的感知和避免视觉疲劳。同时，搭建多数据源、多视图和多人的协同分析环境，促进解决单个体环境感知和认知能力不足的问题。

(3)如何降低显示能力的局限性

可视化设计者往往在屏幕显示之外要承担大量的工作，屏幕分辨率限制了想要表达信息的丰富度。庞大数据量的网络安全日志不但导致了可视化系统的可伸展性问题，甚至会出现闭塞和拥挤现象。而一切企图全方位显示数据集的方法更是远离现实的，它将弱化可视化的力量，从而降低人类视觉系统感知潜在数据模式和趋势的能力。可视化设计者首先要降低图像闭塞性(Occlusion)，专注于开发新颖的图技术和模式，如力引导算法(Force Directed Algorithm)、径向布局(Radial Layout)等，提高图像自身的有序性和自控性，以人眼易接受的方式解决视觉混乱；其次，大力发展新的显示技术，如虚拟现实、3D 投影技术，充分利用人类可感知的媒介，在三维空间中容纳安全大数据多维特征。

(4)如何进一步完善可视化理论体系

可视化理论体系较广，包括可视化基础理论、可视化应用、可视化研究等。由于网络安全可视化理论缺乏成熟的数学模型，其中一些环节并不成熟，如可视化测评，由于可视化分析主观性较强，仅靠少量用户的评价，难以进行有效性验证和评估。因此，可视化测评指标应该包括：功能、有效性、效率、交互界面、可扩展性、计算能力等，需进一步完善现场测试、案例研究和专家评估等方法。同时，物联网、云计算和软件定义网络（SDN）的出现，给网络安全可视化带来了新的挑战和机遇，如物联网拓扑的展示、物体实时监控以及个人隐私安全问题、云计算的虚拟机迁徙和按需索取问题、软件定义网络的配置控制信息可视化以及多控制器问题等。新时代呼吁新理论，面向安全大数据发展新的数据组织、计算理论、大规模图理论、可视分析等标准化研究，并围绕实际的网络安全威胁问题求解出新的工作流程和研究范式，为网络大数据时代筑起"安全大门"。

参 考 文 献

[1] Cncert/Cc. 2011 年我国互联网网络安全态势综述 [EB/OL].2012-04-01. http://www.cert.org.cn/.

[2] Cncert/Cc. 2012 年我国互联网网络安全态势综述 [EB/OL].2013-04-01. http://www.cert.org.cn/.

[3] Cncert/Cc. 2013 年我国互联网网络安全态势综述 [EB/OL].2014-04-01. http://www.cert.org.cn/.

[4] Cncert/Cc. 2014 年我国互联网网络安全态势综述 [EB/OL].2015-04-01. http://www.cert.org.cn/.

[5] Cncert/Cc. 2015 年我国互联网网络安全态势综述 [EB/OL].2016-04-01. http://www.cert.org.cn/.

[6] Apcert. Apcert Annual Report 2015 [EB/OL].2016-07-01. http://www.apcert.org/.

[7] 张焕国, 韩文报, 来学嘉, 等. 网络空间安全综述[J]. 中国科学:信息科学, 2016, 46(2): 125-164.

[8] 李建华. 网络空间威胁情报感知、共享与分析技术综述[J]. 网络与信息安全学报, 2016, 2(2): 16-29.

[9] 吕良福, 张加万, 孙济洲, 等. 网络安全可视化研究综述[J]. 计算机应用, 2008, 28(8): 1924-1927.

[10] 赵颖, 樊晓平, 周芳芳, 等. 网络安全数据可视化综述[J]. 计算机辅助设计与图形学学报, 2014, 26(5): 687-697.

[11] 袁斌, 邹德清, 金海. 网络安全可视化综述[J]. 信息安全学报, 2016, 1(3): 10-20.

[12] 任磊, 杜一, 马帅, 等. 大数据可视分析综述[J]. 软件学报, 2014, 25(09): 1909-1936.

[13] Becker R A, Eick S G, Wilks A. Visualizing Network Data[J]. IEEE Transactions on Visualization and Computer Graphic, 1995, 1(1): 16-28.

[14] Erbacher R F, Walker K L, Frincke D A. Intrusion and Misuse Detection in Large-Scale Systems[J]. IEEE Computer Graphics and Applications, 2002, 22(1): 38-47.

[15] Takada T, Koike H. Tudumi: Information Visualization System for Monitoring and Auditing Computer Logs[C]. Sixth International Conference on Information Visualisation, NJ: IEEE, 2002:570-576.

[16] Mansman F, Meier L, Keim D A. Visualization of Host Behavior for Network Security[J]. Mathematics & Visualization, 2008: 187-202.

[17] 华胜天成. 服务器监控软件 mocha Bsm 使用手册 [EB/OL].2008-10-09. http://www.teamsun. com.cn/.

[18] Erbacher R F. Visualization Design for Immediate High-Level Situational Assessment[C]. Proceedings of the Ninth International Symposium on Visualization for Cyber Security, NY: ACM, 2012:17-24.

[19] 阿里云. 阿里云云服务器技术白皮书 [EB/OL].2013-04-01. https://www.aliyun.com/.

[20] 盛大云. 云主机入门文档 [EB/OL].2012-04-01. http://www.grandcloud.cn/.

[21] 腾讯云. 蓝鲸智云产品白皮书 [EB/OL].2016-11-01. https://www.qcloud.com/.

[22] 吴颋, 王丽娜, 余荣威, 等. 面向云平台安全监控多维数据的离群节点自识别可视化技术[J]. 山

东大学学报 (理学版), 2017, 52 (6): 56-63.

[23] Girardin L, Brodbeck D. A Visual Approach for Monitoring Logs[C]. The Proceedings of the Systems Administration Conference, Berkeley: USENIX association, 2001:299-308.

[24] Chao C S, Yang J H. A Novel Three-Tiered Visualization Approach for Firewall Rule Validation[J]. Journal of Visual Languages & Computing, 2011, 22 (6): 401-414.

[25] Mansmann F, Göbel T, Cheswick W. Visual Analysis of Complex Firewall Configurations[C]. Vizsec Proceedings of the Ninth International Symposium on Visualization for Cyber Security, NY: ACM, 2012:1-8.

[26] Kim U H, Kang J M, Lee J S, et al. Practical Firewall Policy Inspection Using Anomaly Detection and Its Visualization[J]. Multimedia Tools & Applications, 2014, 71 (2): 627-641.

[27] Ghoniem M. Vafle: Visual Analytics of Firewall Log Events[C]. Visualization and Data Analysis, 2014:164-167.

[28] Koike H, Ohno K. Snortview: Visualization System of Snort Logs[C]. Proceedings of the 2004 ACM workshop on Visualization and data mining for computer security, NY: ACM, 2004:143-147.

[29] Abdullah K, Lee C, Conti G, et al. Ids Rainstorm: Visualizing Ids Alarms[C]. The 2th International Workshop on Visualization for Cyber Security, NJ: IEEE, 2005:1-10.

[30] Livnat Y, Agutter J, Moon S, et al. A Visualization Paradigm for Network Intrusion Detection[C]. Proceedings of the IEEE Work-shop on Information Assurance and Security (IAW '2005), NJ: IEEE, 2002: 92-99.

[31] Shiravi H, Shirav A, Ghorbani A. Ids Alert Visualization and Monitoring through Heuristic Host Selection[C]. International Conference on Information and Communications Security, Berlin: Springer-Verlag, 2010:445-458.

[32] Zhang T, Liao Q, Shi L. Bridging the Gap of Network Management and Anomaly Detection through Interactive Visualization[C]. 2014 IEEE Pacific Visualization Symposium (PacificVis), NJ: IEEE, 2014:253-257.

[33] Alsaleh M, Alarifi A, Alqahtani A, et al. Visualizing Web Server Attacks: Patterns in Phpids Logs[J]. Security & Communication Networks, 2015, 8 (11): 1991-2003.

[34] Shi Y, Zhang Y, Zhou F, et al. Idsplanet: A Novel Radial Visualization of Intrusion Detection Alerts[C]. International Symposium on Visual Information Communication and Interaction, NY: ACM, 2016:25-29.

[35] Song J, Itoh T, Park G, et al. An Advanced Security Event Visualization Method for Identifying Real Cyber Attacks[J]. Applied Mathematics & Information Sciences, 2017, 11 (2): 353-361.

[36] Fink G A, Muessig P, North C. Visual Correlation of Host Processes and Network Traffic[C]. IEEE Workshop on Visualization for Computer Security (VizSEC 05). , NJ: IEEE, 2005:11-19.

[37] Ball R, Fink G A, North C. Home-Centric Visualization of Network Traffic for Security Administration[C]. Proceedings of the ACM workshop on Visualization and data mining for computer security, NY: ACM, 2004: 55-64.

[38] Mcpherson J, Ma K, Krystosk P, et al. Portvis: A Tool for Port-Based Detection of Security Events[C]. Proceedings of the ACM workshop on Visualization and data mining for computer

security, NY: ACM, 2004:73-81.

[39] Choi H, Lee H, Kim H. Fast Detection and Visualization of Network Attacks on Parallel Coordinates[J]. computers & security, 2009, 28(5): 276-288.

[40] Braun L, Volke M, Schlamp J, et al. Flow-Inspector: A Framework for Visualizing Network Flow Data Using Current Web Technologies[J]. Computing 2014, 96(1): 15-26.

[41] Iturbe M, Garitano I, Zurutuza U, et al. Visualizing Network Flows and Related Anomalies in Industrial Networks Using Chord Diagrams and Whitelisting[C]. International Conference on Information Visualization Theory and Applications, 2016:99-106.

[42] He L, Tang B, Zhu M, et al. Netflowvis: A Temporal Visualization System for Netflow Logs Analysis[C]. International Conference on Cooperative Design, Visualization and Engineering, Berlin: Springer International Publishing, 2016: 202-209.

[43] 龚俭, 臧小东, 苏琪, 等. 网络安全态势感知综述[J]. 软件学报, 2017, 28(4): 1010-1026.

[44] Carrascosa I P, Kalutarage H K, Huang Y. Data Analytics and Decision Support for Cybersecurity [M]. Springer International Publishing, 2017.

[45] Humphries C, Prigent N, Bidan C, et al. Elvis: Extensible Log Visualization[C]. 10th Workshop on Visualization for Cyber Security, NY: ACM, 2013:9-16.

[46] Liao Q, Li T. Effective Network Management Via Dynamic Network Anomaly Visualization[J]. International Journal of Network Management, 2016, 26(6): 461-491.

[47] Zhao Y, Liang X, Fan X, et al. Mvsec: Multi-Perspective and Deductive Visual Analytics on Heterogeneous Network Security Data[J]. Journal of Visualization, 2014, 17(3): 181-196.

[48] Benson J R, Ramarajan R. Nocturne: A Scalable Large Format Visualization for Network Operations[C]. IEEE VAST Challenge, NJ: IEEE, 2013.

[49] Chen S, Merkle F, Schaefer H, et al. Annette Collaboration Oriented Visualization of Network Data[C]. IEEE VIS Conference, Atlanta, NJ: IEEE, 2013:1-2.

[50] Promann M, Ma Y A, Wei S, et al. Springrain: An Ambient Information Display[C]. IEEE VAST Challenge, NJ: IEEE, 2013:5-6.

[51] Fischer F, Fuchs J, Mansmann F, et al. Banksafe: Visual Analytics for Big Data in Large-Scale Computer Networks[J]. Information Visualization, 2015, 14(1): 51-61.

[52] 蒋宏宇, 吴亚东, 孙蒙新, 等. 多源网络安全日志数据融合与可视分析方法研究[J]. 西南科技大学学报(自然科学版), 2017, 32(1): 70-77.

[53] Pienta R, Hohman F, Endert A, et al. Vigor: Interactive Visual Exploration of Graph Query Results[J]. IEEE Transactions on Visualization and Computer Graphics, 2017.

[54] Yamaoka S, Manovich L, Douglass J, et al. Cultural Analytics in Large-Scale Visualization Environments[J]. Computer, 2011, 44(12): 39-48.

[55] Panagiotidis A, Kauker D, Sadlo F, et al. Distributed Computation and Large-Scale Visualization in Heterogeneous Compute Environments[C]. International Symposium on Parallel and Distributed Computing, NJ: IEEE, 2012:87-94.

[56] Xi R, Yun X, Jin S, et al. Research Survey of Network Security Situation Awareness[J]. Journal of Computer Applications, 2012, 32(1): 1-4.

[57] 李硕, 戴欣, 周渝霞. 网络安全态势感知研究进展[J]. 计算机应用研究, 2010, 27(9): 3227-3232.

[58] 王庚, 张景辉, 吴娜. 网络安全态势预测方法的应用研究[J]. 计算机仿真, 2012, 29(2): 98-101.

[59] 贾焰, 王晓伟, 韩伟红, 等. Yhssas:面向大规模网络的安全态势感知系统[J]. 计算机科学, 2011, 38(2): 4-8.

[60] 王春雷, 方兰, 王东霞, 等. 基于知识发现的网络安全态势感知系统[J]. 计算机科学, 2012, 39(7): 11-17.

[61] 游静, 董小龙, 苏兵, 等. 基于用户体验的计算系统多元性能评价模型[J]. 计算机科学, 2012, 39(10): 254-257.

[62] 胡昌平, 邓胜利. 基于用户体验的网站信息构建要素与模型分析[J]. 情报科学, 2012, 24(3): 321-325.

[63] 魏玮, 宫晓东. 基于用户体验的人机界面发展趋势[J]. 北京航空航天大学学报, 2011, 37(7): 868-871.

[64] Suo X, Zhu Y, Owen G S. Measuring the Complexity of Computer Security Visualization Designs[C]. The 4th International Workshop on Visualization for Cyber Security, Berlin Heidelberg: Springer, 2007:53-66.

[65] Goodall J. Visualization Is Better! A Comparative Evaluation[C]. Visualization for Cyber Security. VizSec '2009, NJ: IEEE, 2009:57-68.

[66] Inselberg A. The Plane with Parallel Coordinates[J]. Visual Computer, 1985, 1(2): 69-91.

[67] Robertson G G, Mackinlay J D, Card S K. Cone Trees: Animated 3d Visualizations of Hierarchical Information[C]. Sigchi Conference on Human Factors in Computing Systems, NY: ACM, 1991:189-194.

[68] Liao Q, Shi L-H, Wang C. Visual Analysis of Large-Scale Network Anomalies[J]. IBM Journal of Research and Development, 2013, 57(3/4): 1-13.

[69] Johnson B, Shneiderman B. Tree-Maps: A Space-Filling Approach to the Visualization of Hierarchical Information Structures [C]. Proceedings of the Second International IEEE Visualization Conference, NJ: IEEE, 1991:284-291.

[70] Mansmann F, Keim D, North S C, et al. Visual Analysis of Network Traffic for Resource Planning, Interactive Monitoring, and Interpretation of Security Threats[J]. Visualization and Computer Graphics, IEEE Transactions on, 2007, 13(6): 1105-1112.

[71] Ropinski T, Oeltze S, Preim B. Survey of Glyph-Based Visualization Techniques for Spatial Multivariate Medical Data[J]. Computers & Graphics, 2011, 35(2): 392-401.

[72] Manuel L. Visual Complexity: Mapping Patterns of Information[M]. Princeton: Princeton Architectural Press, 2011.

[73] 赵颖, 樊晓平, 周芳芳, 等. 大规模网络安全数据协同可视分析方法研究[J]. 计算机科学与探索, 2014, 8(07): 848-857.

[74] Sanchez G. Arc Diagrams in R: Les Miserables [EB/OL].2016-10-20. https://www.r-bloggers.com/arc-diagrams-in-r-les-miserables/.

[75] 张胜, 施荣华, 周芳芳. 入侵检测系统中基于辐射状面板的可视化方法[J]. 计算机工程, 2014, 40(1): 15-19.

[76] Bohnacker H, Gross B, Laub J, et al. Generative Design: Visualize, Program, and Create with Processing[M]. Princeton: Princeton Architectural Press, 2012.

[77] Spahr J. Website Traffic Map [EB/OL].2003-01-01. http://designweenie.com/portfolio/index.php/page/140.

[78] Wilkinson L, Friendly M. The History of the Cluster Heat Map[J]. The American Statistician, 2009, 63(2).

[79] Network C G A. Comprehensive Molecular Portraits of Human Breast Tumours[J]. Nature, 2012, 490(7418): 61-70.

[80] Barretina J, Caponigro G, Stransky N, et al. The Cancer Cell Line Encyclopedia Enables Predictive Modelling of Anticancer Drug Sensitivity[J]. Nature, 2012, 483(7391): 603-607.

[81] Dollar P, Wojek C, Schiele B, et al. Pedestrian Detection: An Evaluation of the State of the Art[J]. 2012 IEEE Transactions on Pattern Analysis and Machine Intelligence, 2012, 34(4): 743-761.

[82] Gove R, Gramsky N, Kirby R, et al. Netvisia: Heat Map & Matrix Visualization of Dynamic Social Network Statistics & Content[C]. 2011 IEEE Third International Conference on Privacy, Security, Risk and Trust (PASSAT), NJ: IEEE, 2011:19-26.

[83] Perrot A, Bourqui R, Hanusse N, et al. Large Interactive Visualization of Density Functions on Big Data Infrastructure[C]. 2015 IEEE 5th Symposium on Large Data Analysis and Visualization (LDAV), NJ: IEEE, 2015:99-106.

[84] Siirtola H, Mäkinen E. Constructing and Reconstructing the Reorderable Matrix[J]. Information Visualization, 2005, 4(1): 32-48.

[85] Atterer R, Lorenzi P. A Heatmap-Based Visualization for Navigation within Large Web Pages[C]. Proceedings of the 5th Nordic conference on Human-computer interaction: building bridges, NY: ACM, 2008:407-410.

[86] 陈为, 沈则潜, 陶煜波. 数据可视化[M]. 北京: 电子工业出版社, 2013.

[87] Brewer C A. Designing Better Maps: A Guide for Gis Users by Cynthia A. Brewer[M]. Calif: ESRI Press Redlands, 2005.

[88] Zhang H. Study on the Topn Abnormal Detection Based on the Netflow Data Set[J]. Computer and Information Science, 2009, 2(3): 103-108.

[89] Hsiao H W, Chen D N, Wu T J. Detecting Hiding Malicious Website Using Network Traffic Mining Approach[C]. 2nd international conference on education technology and computer (ICETC), NJ: IEEE, 2010:276-280.

[90] Yin K, Zhu J. A Novel Dos Detection Mechanism[C]. 2011 international conference on mechatronic science, electric engineering and computer (MEC), NJ: IEEE, 2011: 296-298.

[91] Sperotto A, Pras A. Flow-Based Intrusion Detection[C]. 2011 IFIP/IEEE International Symposium on Integrated Network Management NJ: IEEE, 2011:958-963.

[92] Francois J, Wang S, Bronzi W, et al. Botcloud: Detecting Botnets Using Mapreduce[C]. 2011 IEEE international workshop on information forensics and security (WIFS), NJ: IEEE, 2011:1-6.

[93] 夏秦, 王志文, 卢柯. 入侵检测系统利用信息熵检测网络攻击的方法[J]. 西安交通大学学报, 2013, 47(2): 14-20.

[94] 颜若愚，郑庆华. 使用交叉熵检测和分类网络异常流量[J]. 西安交通大学学报，2010，44（6）：10-15.

[95] Yegneswaran V, Barford P, Ullrich J. Internet Intrusions: Global Characteristics and Prevalenc[J]. ACM SIGMETRICS Performance Evaluation Review, 2003, 31（1）: 138-147.

[96] Abdullah K, Lee C, Conti G, et al. Visualizing Network Data for Intrusion Detection[C]. Proceedings from the Sixth Annual IEEE SMC, IAW 05, NJ: IEEE, 2005:100-108.

[97] Taylor T, Paterson D, Glanfield J, et al. Flovis: Flow Visualization System[C]. Cybersecurity Applications & Technology Conference for Homeland Security, NJ: IEEE, 2009:186-198.

[98] Berthier R, Cukier M, Hiltunen M, et al. Nfsight: Netflow-Based Network Awareness Tool[C]. International Conference on Large Installation System Administration, 2010:1-8.

[99] Seo I, Lee H, Han S C. Cylindrical Coordinates Security Visualization for Multiple Domain Command and Control Botnet Detection[J]. Computers & Security, 2014, 46: 141-153.

[100] Fischer F, Fuchs J, Mansmann F. Clockmap: Enhancing Circular Treemaps with Temporal Glyphs for Time-Series Data[C]. Eurographics Conference on Visualization, 2012:97-101.

[101] Horn M S, Tobiasz M, Shen C. Visualizing Biodiversity with Voronoi Treemaps[C]. Sixth International Symposium on Voronoi Diagrams, NJ: IEEE, 2009:265-270.

[102] Liang J, Simoff S, Nguyen Q V, et al. Visualizing Large Trees with Divide & Conquer Partition[C]. International Symposium on Visual Information Communication and Interaction, NY: ACM, 2013:79-87.

[103] Zhao H, Lu L. Variational Circular Treemaps for Interactive Visualization of Hierarchical Data[C]. Visualization Symposium （PacificVis）, NJ: IEEE, 2015:81-85.

[104] Lamping J, Rao R. Laying out and Visualizing Large Trees Using a Hyperbolic Space[C]. ACM Symposium on User Interface Software and Technology, NY: ACM, 1999:13-14.

[105] Keim D A, Mansmann F, Schneidewind J, et al. Monitoring Network Traffic with Radial Traffic Analyzer[C]. IEEE Symposium On Visual Analytics Science And Technology, NJ: IEEE, 2006:123-128.

[106] Hoffman P, Grinstein G, Marx K, et al. DNA Visual and Analytic Data Mining[C]. Proceedings of Visualization '1997, NJ: IEEE, 1997:437-442.

[107] Wu Y, Wei F, Liu S, et al. Opinionseer: Interactive Visualization of Hotel Customer Feedback[J]. IEEE Transactions on Visualization & Computer Graphics, 2010, 16（6）: 1109-1118.

[108] Cao N, Lin Y R, Sun X, et al. Whisper: Tracing the Spatiotemporal Process of Information Diffusion in Real Time[J]. IEEE Transactions on Visualization & Computer Graphics, 2012, 18（12）: 2649-2658.

[109] Zhang J, Kai K, Liu D, et al. Vis4heritage: Visual Analytics Approach on Grotto Wall Painting Degradations[J]. IEEE Transactions on Visualization & Computer Graphics, 2013, 19（12）: 1982-1991.

[110] Basole R C, Clear T, Hu M, et al. Understanding Interfirm Relationships in Business Ecosystems with Interactive Visualization[J]. IEEE Transactions on Visualization & Computer Graphics, 2013, 19（12）: 2526-2535.

[111] Burch M, Diehl S. Timeradartrees: Visualizing Dynamic Compound Digraphs[J]. Computer Graphics Forum, 2008, 27(3): 823-830.

[112] Zhao Y, Zhou F, Fan X, et al. Idsradar: A Real-Time Visualization Framework for Ids Alerts[J]. Science China Information Sciences, 2013, 56(8): 1-12.

[113] Draper G M, Livnat Y, Riesenfeld R F. A Survey of Radial Methods for Information Visualization[J]. IEEE Transactions on Visualization & Computer Graphics, 2009, 15(5): 759-776.

[114] Tian Z, Jiang W, Li Y. A Transductive Scheme Based Inference Techniques for Network Forensic Analysis[J]. China Communications, 2015, 12(2): 167-176.

[115] He Q, Chen F, Cai S, et al. An Efficient Range-Free Localization Algorithm for Wireless Sensor Networks[J]. Science China Technological Sciences, 2011, 54(5): 1053-1060.

[116] 杨彦波, 刘滨, 祁明月. 信息可视化研究综述[J]. 河北科技大学学报, 2014, 35(1): 91-102.

[117] Huang W, Huang M, Lin C C. Aesthetic of Angular Resolution for Node-Link Diagrams: Validation and Algorithm[C]. 2011 IEEE Symposium on Visual Languages and Human-Centric Computing (VL/HCC), NJ: IEEE, 2011:213-216.

[118] Kim K T, Ko S, Elmqvist N, et al. Wordbridge: Using Composite Tag Clouds in Node-Link Diagrams for Visualizing Content and Relations in Text Corpora[C]. the 44th Hawaii International Conference on System Sciences, NJ: IEEE, 2011:1-8.

[119] Ware C, Bobrow R. Motion to Support Rapid Interactive Queries on Node--Link Diagrams[J]. Acm Transactions on Applied Perception, 2004, 1(1): 3-18.

[120] Peng D, Lu N, Chen G, et al. Sideknot: Edge Bundling for Uncovering Relation Patterns in Graphs[J]. Tsinghua Science and Technology, 2012, 17(4): 399-408.

[121] 李志刚, 陈谊, 张鑫跃, 等. 一种基于力导向布局的层次结构可视化方法[J]. 计算机仿真, 2014, 3(3): 283-288.

[122] Zhou F, Shi R, Zhao Y. Netsecradar: A Visualization System for Network Security Situational Awareness[M]. Seattle, WA, USA: Springer International Publishing, 2013.

[123] Gad A, Farooq M. Data Fusion Architecture for Maritime Surveillance[C]. Proceedings of the Fifth International Conference on Information Fusion, NJ: IEEE, 2002:448-455.

[124] Hall D L, Llinas J. An Introduction to Multisensor Data Fusion[J]. Proceedings of the IEEE, 1997, 85(1): 6-23.

[125] Endsley M R. Situation Awareness Global Assessment Technique (Sagat)[C]. Proceedings of the IEEE 1988 National Aerospace and Electronics Conference,NAECON 1988, NJ: IEEE, 1988:789-795.

[126] 赖积保, 王颖, 王慧强, 等. 基于多源异构传感器的网络安全态势感知系统结构研究[J]. 计算机科学, 2011, 38(3): 144-149.

[127] 刘靖, 刘建伟, 张铁林, 等. 安全报警融合环境中信息的关联[J]. 计算机工程与应用, 2011, 47(25): 107-111.

[128] 马琳茹, 杨林, 王建新. 多源异构安全信息融合关联技术研究[J]. 系统仿真学报, 2008, 20(4): 981-989.

[129] 韦勇, 连一峰, 冯登国. 基于信息融合的网络安全态势评估模型[J]. 计算机研究与发展, 2009, 46(3): 353-362.

[130] 张永铮, 云晓春. 网络运行安全指数多维属性分类模型[J]. 计算机学报, 2012, 35(8): 1666-1674.

[131] Zhou Fangfang, Huang W, Zhao Y, et al. Entvis: A Visual Analytic Tool for Entropy-Based Network Traffic Anomaly Detection[J]. IEEE Computer Graphics & Applications, 2015, 35(6): 1-1.

[132] D'amico A, Kocka M. Information Assurance Visualizations for Specific Stages of Situational Awareness and Intended Uses: Lessons Learned[C]. IEEE Workshop on Visualization for Computer Security, NJ: IEEE, 2005:107-112.

[133] Alsaleh M, Alqahtani A, Alarifi A, et al. Visualizing Phpids Log Files for Better Understanding of Web Server Attacks[C]. Proceedings of the Tenth Workshop on Visualization for Cyber Security, NY: ACM, 2013:1-8.

[134] Li B, Springer J, Bebis G, et al. A Survey of Network Flow Applications[J]. Journal of Network and Computer Applications, 2013, 36(2): 567-581.

[135] Lai J, Wang H, Jin S. Study of Network Security Situation Awareness System Based on Netflow[J]. Application Research of Computers, 2007, 24(8): 167-172.

[136] Scarfone K, Mell P. Guide to Intrusion Detection and Prevention Systems (Idps)[J]. NIST special publication, 2007, 800(2007): 94.

[137] Newman R C. Computer Security: Protecting Digital Resources[M]. Sudbury: Jones & Bartlett Publishers, 2009.

[138] Guerra-Gómez J A, Buck-Coleman A, Pack M L, et al. Treeversity: Interactive Visualizations for Comparing Hierarchical Datasets[J]. Center for Advanced Transportation Technology Laboratory, 2013, 2392: 48-58.

[139] Zhang X, Yuan X. Treemap Visualization[J]. Journal of Computer-Aided Design & Computer Graphics, 2012, 24(9): 1113-1124.

[140] Krstajic M, Keim D A. Visualization of Streaming Data: Observing Change and Context in Information Visualization Techniques[C]. 2013 IEEE International Conference on Big Data, NJ: IEEE, Oct 2013:41-47.

[141] Chen Y, Liu J, Wang S. Activity Perception and Recognition Based on Multi-Source Data Fusion[J]. Communications for the CCF, 2014, 10(5): 8-13.

[142] Krstajic M, Bertini E, Keim D A. Cloudlines: Compact Display of Event Episodes in Multiple Time-Series[J]. IEEE Transactions on Visualization and Computer Graphics, 2011, 17(12): 2432-2439.

[143] Shi C, Cui W, Liu S, et al. Rankexplorer: Visualization of Ranking Changes in Large Time Series Data[J]. IEEE Transactions on Visualization and Computer Graphics, 2012, 18(12): 2669-2678.

[144] Hcil. Vast Challenge 2013 [EB/OL]. 2013-09-31. http://hcil2.cs.umd.edu/newvarepository/VAST Challenge 2013/challenges/MC3 - Big Marketing/.